邹游话时装画 3
DIGITAL FASHION
ILLUSTRATION
& FASHION SKETCH
数码时装画
ZOUYOU
邹游　著

中国纺织出版社

内　容　提　要

本书结合作者多年丰富的时装绘画经验，以生动的语言，将枯燥的理论融于富有情趣的范例中，按照循序渐进的教学方法，为时装画爱好者们开辟了一条自学入门的捷径。本书内容翔实，考虑周密，并附有大量的作者作品以及绘画心得，以明确读者的学习目的并激发读者的学习热情。这是一本在当今信息时代背景下，将服装艺术与电脑技术完美结合的优秀技法学习类书籍。

图书在版编目(CIP)数据

数码时装画 / 邹游著. - 北京：中国纺织出版社，2003.1（2004.7 重印）

（邹游话时装画 3）

ISBN 7-5064-2525-4/TS · 1649

Ⅰ. 数…　Ⅱ. 邹…　Ⅲ. 服装－绘画－技法（美术）

Ⅳ. TS941.28

中国版本图书馆 CIP 数据核字(2002)第 099089 号

策划编辑：刘　磊　责任编辑：董友年　特约编辑：吴　宁

责任校对：余静雯　责任印制：初全贵

中国纺织出版社出版发行

地址：北京东直门南大街 6 号　邮政编码：100027

电话：010-64160816　传真：010-64168226

http://www.c-textilep.com

E-mail: faxing@c-textilep.com

美航快速彩色印刷公司印刷　各地新华书店经销

2003 年 1 月第 1 版　2004 年 7 月第 2 次印刷

开本：889 × 1194　1/16　印张：8

字数：138 千字　印数：5001-8000　定价：42.00 元

序

时装画（或服装效果图），作为时装设计的首要环节，不可避免地成为衡量一名设计师艺术素质和能力的重要标准。与时装本身所具有的特性一样，时装画同时具有实用性和审美性的双重价值，围绕这两种价值还有过不少的争论：一种意见认为时装画的艺术性并不重要，服装院校培养出来的学生如果过于推崇时装画的艺术性，就只会“画小人”而不会动剪刀；另一种意见则觉得时装画是能给人们带来最高精神享受的艺术品，其间的线条、色彩、形状等是最令人着迷的，可以脱离开服装设计而独立存在。排除个人喜好的因素客观地看，这两种意见都各自有着偏颇。时装画作为设计活动的一种必要的环节和表达手段，体现着设计师最初的设计概念和意图，并在一定程度上显示着设计师的心灵感受和对美的诉求。今天，当我们重新审视时装画的价值时，只会透过它感觉到当代的时尚文化和艺术理念的深化和升华，以及人们生活品质的不断提高，我们只有摒弃原来那种偏激的观点并不断创新，才能适应越来越多元化的、个性化的社会需求和审美需求。

很高兴在这个时候看到我校的年轻教师邹游撰写出了这本《数码时装画》。作为他的同事，同时也作为一名有责任感的服装专业教育工作者，我对他的探索精神报以赞许的目光。邹游一直都对时装画创作有着极大的热情，通过苦心钻研与不断创作，在艺术上取得了可喜的成果。这次他及时地在时装画中引入了高科技的多媒体手段，顺应了未来的发展趋势。尽管尚处于探索研究之中，并受多媒体某种程度的局限，《数码时装画》一书无疑仍会对服装设计师和在校学生的专业学习起到积极的引导作用。

随着全球经济一体化步伐的不断加快，中国的服装行业不仅充满了机遇，也伴随着激烈的竞争与挑战。同时也使得服装设计师这一职业的国际化态势愈加彰显出来。无论是设计思维方式，还是实际操作手段；无论是媒体传播，还是展示方式都与以往有所不同，这也迫使我们必须不断地接受新的事物，学习新的知识，并希望通过更新、提高和完善，能有更多的人加入到充满无限生机与活力的时尚文化的国际化进程中来。

2002.11.12

目录

CONTENTS

第一章　画人体………7

第二章　学习 PAINTER………43

画人体

人体对于时装画的重要性不言而喻。准确理解人体构造有利于设计师进一步把握设计的思路和生动地表现时装。

我们可以看到，即便在时装画的风格呈现出极其丰富态势的今天，好的时装画也都有一个共同的特点——那就是对于人体的把握都十分的严谨，即使有一定程度的夸张变形，也基本建立在正确的人体结构与比例基础之上。因此这是服装画学习必不可少的一个环节，同时也是大多数讲授时装画技法类书籍在开卷时所共同强调的问题。本书也不例外。

1 时装画人体与绘画人体的区别

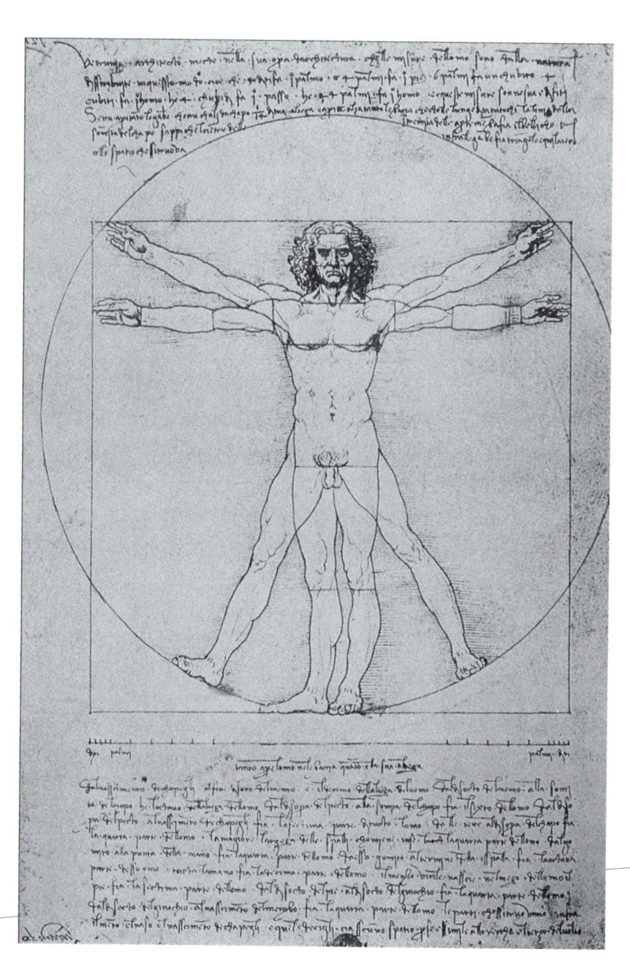

在时装画的创作中，我们首先要解决的就是关于“人体”的问题。许多刚刚接触时装画或时装效果图的读者都会担心自己因缺乏绘画功底而不能画出正确的人体比例——就这一点而言，你大可不必担心，因为以下有充分的理由可以帮助你打消这种顾虑：

第一，我们所从事的时装绘画并非纯绘画类的创作。由于绘画要表现不同类型、不同体态的人，因此纯绘画艺术家通常都必须经过严格系统的人体解剖学训练——从骨骼的形状到肌肉相互间的穿插关系都要求能够清楚地把握，并加以对影调的深入研究。而与此对应的是，时装设计及时装效果图需要解决的是对人体大的比例关系的掌握而非精确地表现人体结构。从大量时装设计师的效果图中我们可以看到，它们对于人体比例有着非常强的概括性，甚至在大多数情况下为了突出模特儿修长的身材而人为地改变身体的比例。同时，时装画以平涂色彩为主的特性使人体的明暗关系也被省略了。

第二，时装效果图中的人体动态及表现形式通常会具有恒常性。基于服装总是围绕着人体来进行设计，而作为服装载体的人体，其姿势一般都具有某种一致性（即有一些程式化的内容可以被总结出来），因此，只要对人体的结构和比例关系有一个基本的了解就可以了，我们需要的是将更多的精力集中在服装的设计上。在草图阶段，我们甚至完全可以将不同服装套用于同一个姿势的人体上，这就是我们通常看到的同一个设计师的效果图的人体比例关系、动态等都极为相似的原因。作为一名时装设计师，我们必须明确：时装设计并不是去表现人体，其重心是在服装的创作上。

【本章学习步骤】

通过临摹掌握基本的人体结构和比例。
↓
将这些比例关系熟记于心并能默画。
↓
能够把握人体与服装之间的关系并将其表现出来。

时装画人体结构比例与正常人体结构比例的区别

时装画与时装效果图的人体比例不同于真实的人体，它具有更强烈的主观意识及表现形式，具有强烈的唯美特征。大家最直观的感受就是时装画及时装效果图的人体被拉长了，达到了八头身甚至十头身的比例。

本书中的人体采用的是相对较为写实的比例，这是为了让初学者在起步阶段尽量有一个较为客观的观察角度，并学会先以平实的手法进行绘画，为以后更进一步地发挥打下坚实的基础。但同时这也并非完全出于规范学习的目的，因为在日后的实际工作中，设计师只有通过正确的比例关系才能更有效、更精确地向制板人员或样衣师传达设计的意图，所以这样做的现实意义也是非常大的。

2 人体的几何形概括

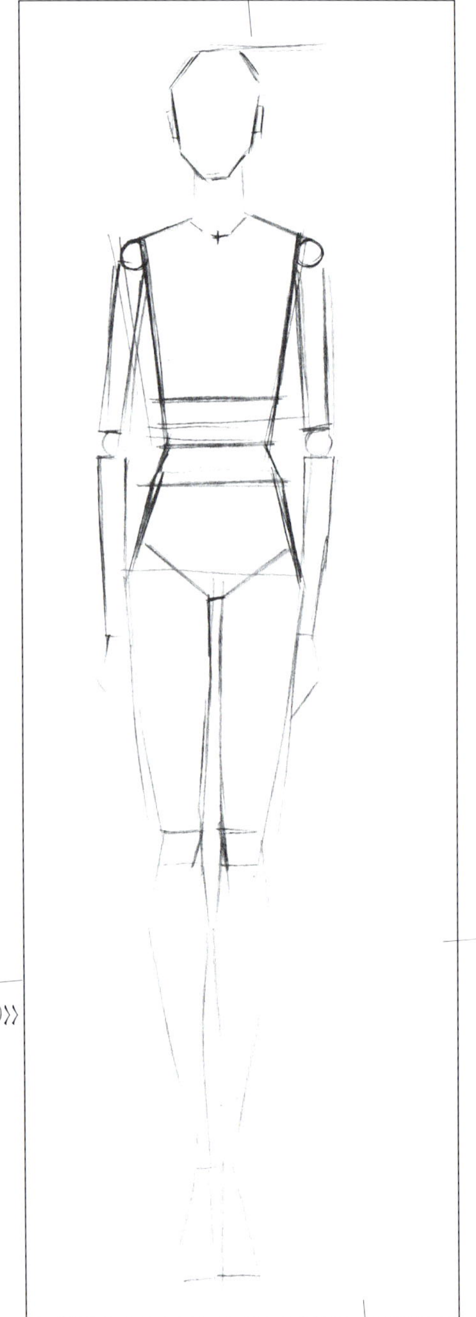

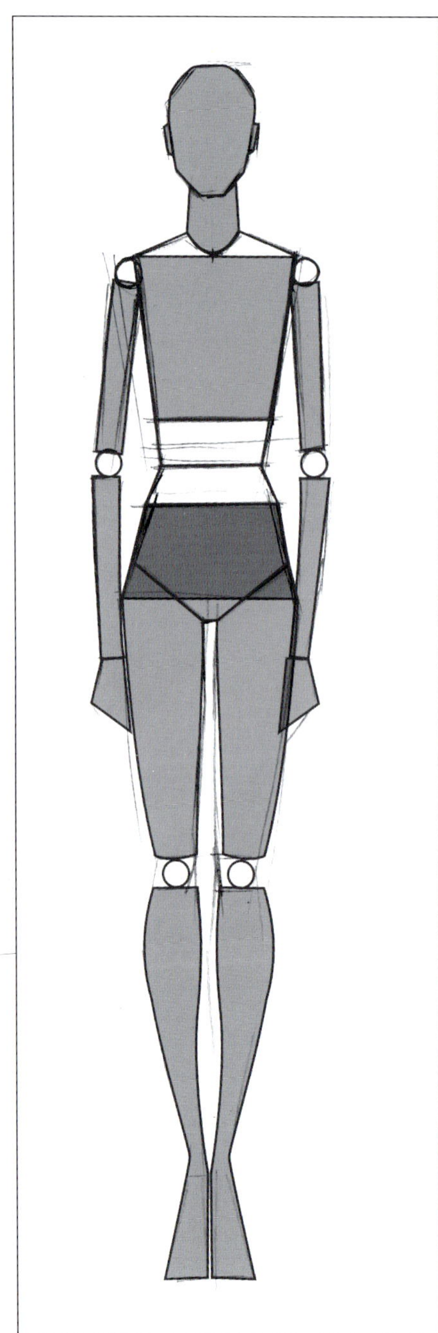

我们将人体抽象概括为不同的几何形，以便于我们进行观察和理解。

头—— 椭圆形
脖子—— 圆柱形
胸腔—— 倒梯形
髋部—— 梯形
四肢—— 圆柱形
关节处—— 圆形

看！经过这样的概括，本来想像中复杂的人体是否变得很简单了？

注意：我们将人体抽象、概括了，但我们对于人体比例必须要有一个明确的认识，那就是——比例是一种共性的，是在大量个性的基础上总结、提炼出来的；同时它的个体特征又是不同的，是独有的、绝对的，因此每个人都有区别于别人的体态特征。在掌握了人体的基本比例、结构之后，可以进一步地将个体的特征表现出来，这不仅是一种自然的要求，也是艺术上的要求。

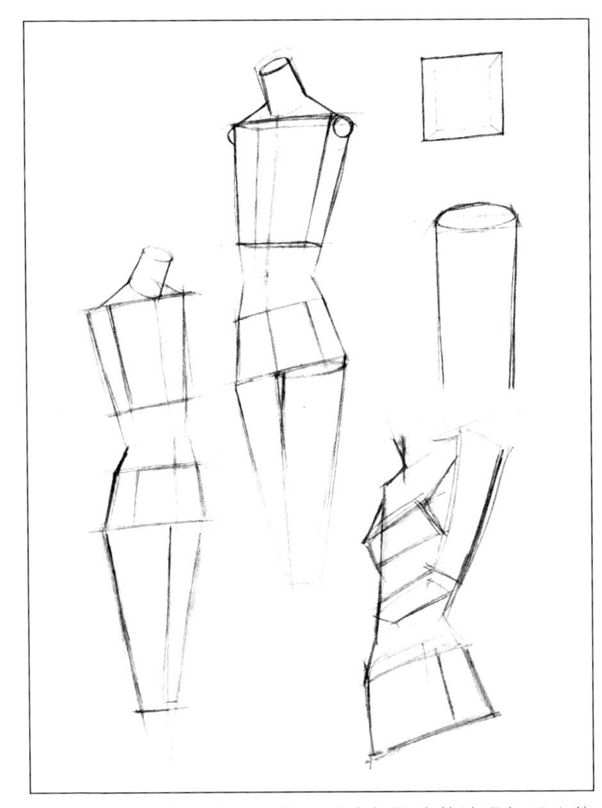

通过对这些图例的观察分析，使我们更清楚地理解了人体的结构和比例关系，同时也掌握了一种概略性的人体表现形式。

3 绘画的方法

我们研究人体就是为了能够画出正确的人体结构和比例关系。
如何画是至关重要的，这就涉及到方法的问题。
这其中必须经历的有两个**阶段**:

- 观察阶段，观察出范画的比例结构。
- 绘画阶段，画出正确的比例结构。

这两个阶段实际上都牵涉到一个观察方法的问题。注意观察周围的世界是一个很好的习惯，好的观察能力并非像有些人想的那样是与生俱来的，它也需要经过后天的努力才能达到一定的水准，尤其作为一名服装设计师，我们只有通过不断地观察并发现问题，才能够想办法去解决问题，从而在创作阶段进入到眼手合一的佳境，因此初学者掌握一套自己的观察方法就显得至关重要。

随后，我们在绘画的实际操作过程当中又会遇到两个**基本问题**:

- 画前，如何画出正确的人体结构和比例关系。
- 画后，如何发现画面中还存在的问题。

在本书中，因为我们将研究方向确定在人体的结构和比例关系上，极少涉及到明暗转折、肌理表现等其他问题，所以这就缩小了范围而更有利于初学者的把握。你只要通过对范画的观察并归纳出一定的规律性，然后将这种规律付诸于绘画的实践过程中以求得进一步的验证和体会就可以了。相信你一定会进步得很快的。

【基本概念】

- 观察和绘画的过程就是一个不断比较的过程。

- 人体的比例由点、线、面构成。
  点——肩点、胸高点、颈点、腰最小点、骨盆点、大转子点、膝盖点、脚踝点、腕关节点
  线——肩线、腰线、骨盆线、四肢的线
  面——头、胸廓、骨盆

4 ■ 正面人体的绘制过程

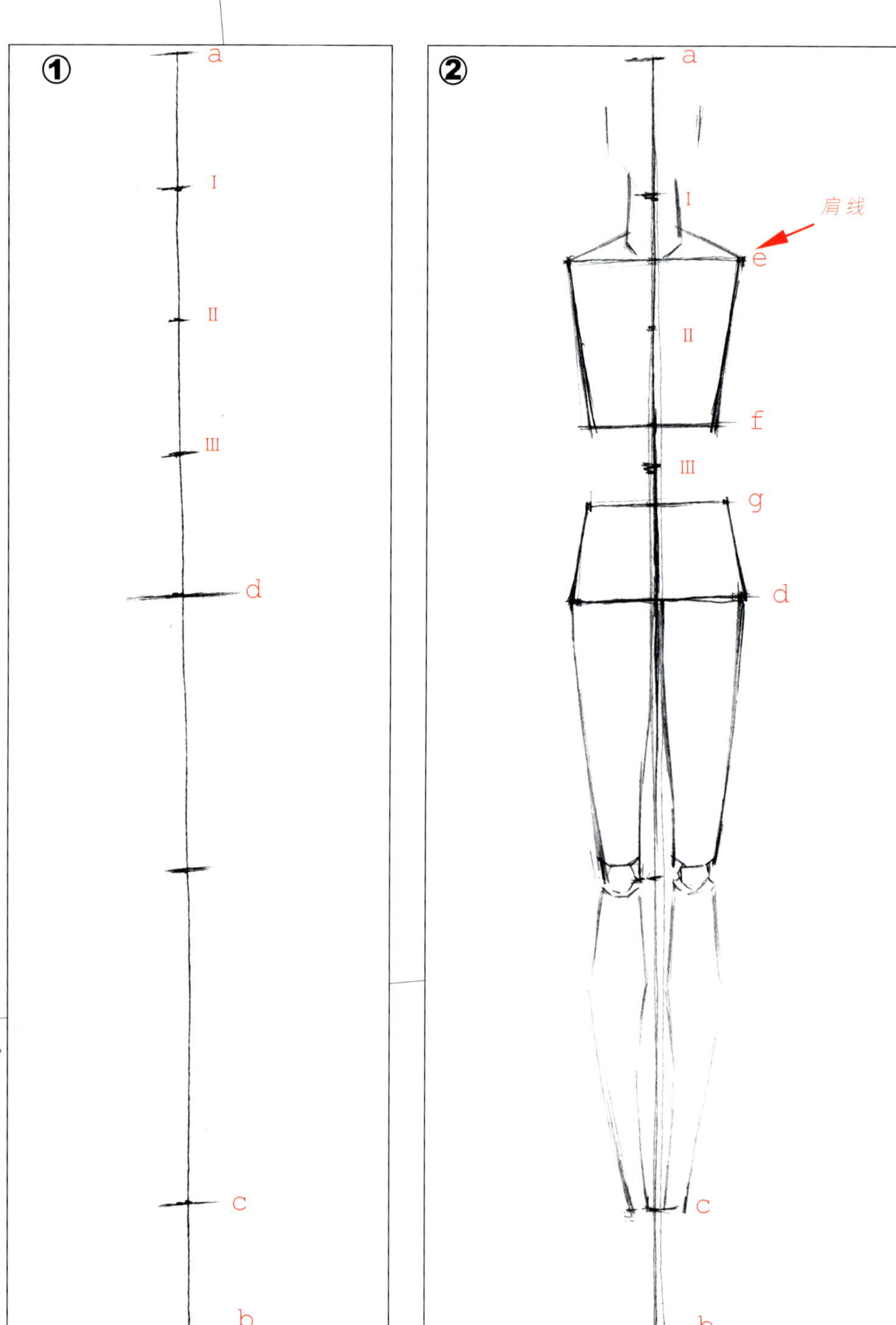

① ②

纵向（长度）

■在画面上确定好整个人体的高度，以a、b点标记出顶端和底部的位置，两点之间相距约为九个头长。

■从b向上约一个头长处确定c点（脚踝处）。

■从a点到c点之间二等分得到d点（髋部最宽处）。

■a点到d点之间四等分，得到Ⅰ、Ⅱ、Ⅲ三个等分点。从上至下，Ⅰ处为下颌底线；Ⅰ与Ⅱ点之间的中点处是肩线e经过的地方；Ⅱ点到Ⅲ点的2/3处为胸廓底线f所在的位置；Ⅲ点到d点的1/3处为盆骨的顶端g。

■从d点到c点之间二等分处为膝盖部位。

横向（宽度）

■只画出了九个头长的等距离切分是不够的，长和宽共同作用才能构成整个人体的比例关系。

■头宽约为头长的2/3。

■肩宽（e点）约小于两个头宽；

■参照肩宽可以定出下胸廓线（f点）的宽度。

■盆骨顶部（g点）大致与下胸廓线一样宽。

■f点与g点处的水平线宽度共同作用，决定了人物腰部的粗细。

■髋部最宽处（d点）宽度与肩宽（e点）比齐。

我们在A4大小的纸张上来做练习。

首先，确定画面中人体所处的位置，这就涉及到构图的问题。请注意以下几点：

■人体不要把画面撑得过满。

■不要将人物画得过小。

■不要把中心人物放在过于偏离画面中心的位置上。

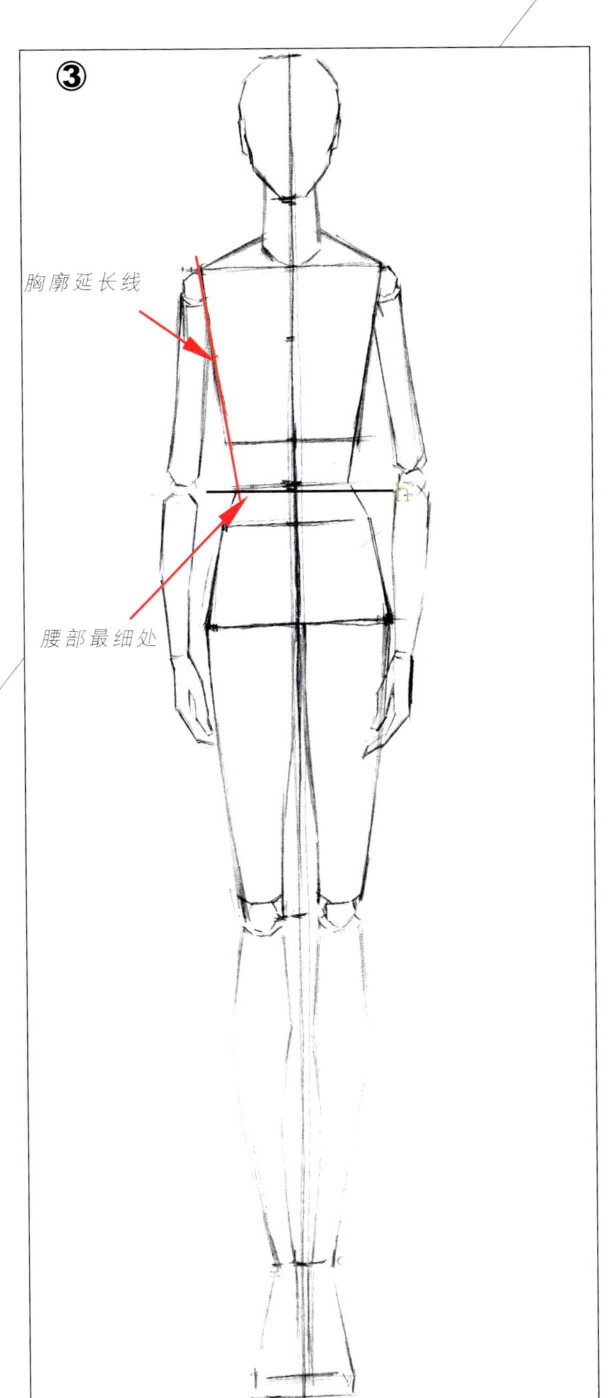

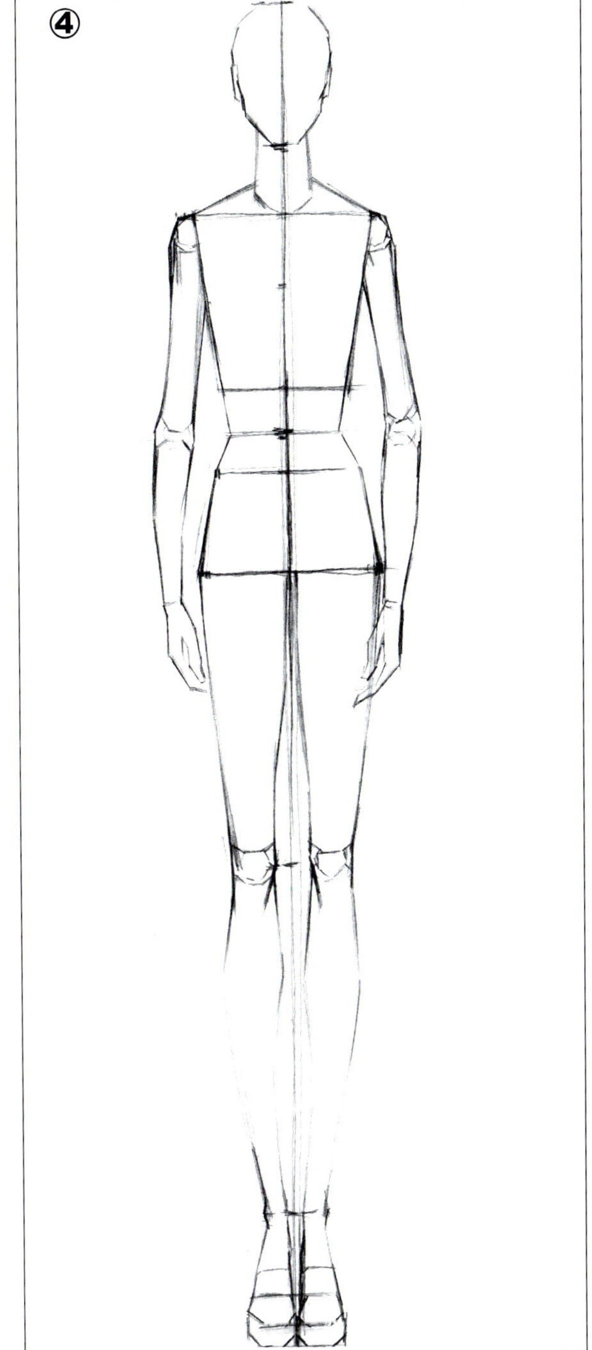

③ 连接

- 胸廓及髋部的延长线相交处为腰部的最细处（即腰线处）。
- 关节处理为球形，因其符合人体活动的机能性表现。
- 肘关节最细处基本与腰线处在同一条水平线上。
- 腕关节低于髋部最宽处。

④ 调整

将各个结构比例关系做进一步的比较，注意各个局部与整体的关系及线条的连贯性，尤其注意肩关节、肘关节和膝关节的结构穿插关系，以及腿部的起伏线条，避免把人物画得过于僵硬。

5 3/4侧面人体的分析比较

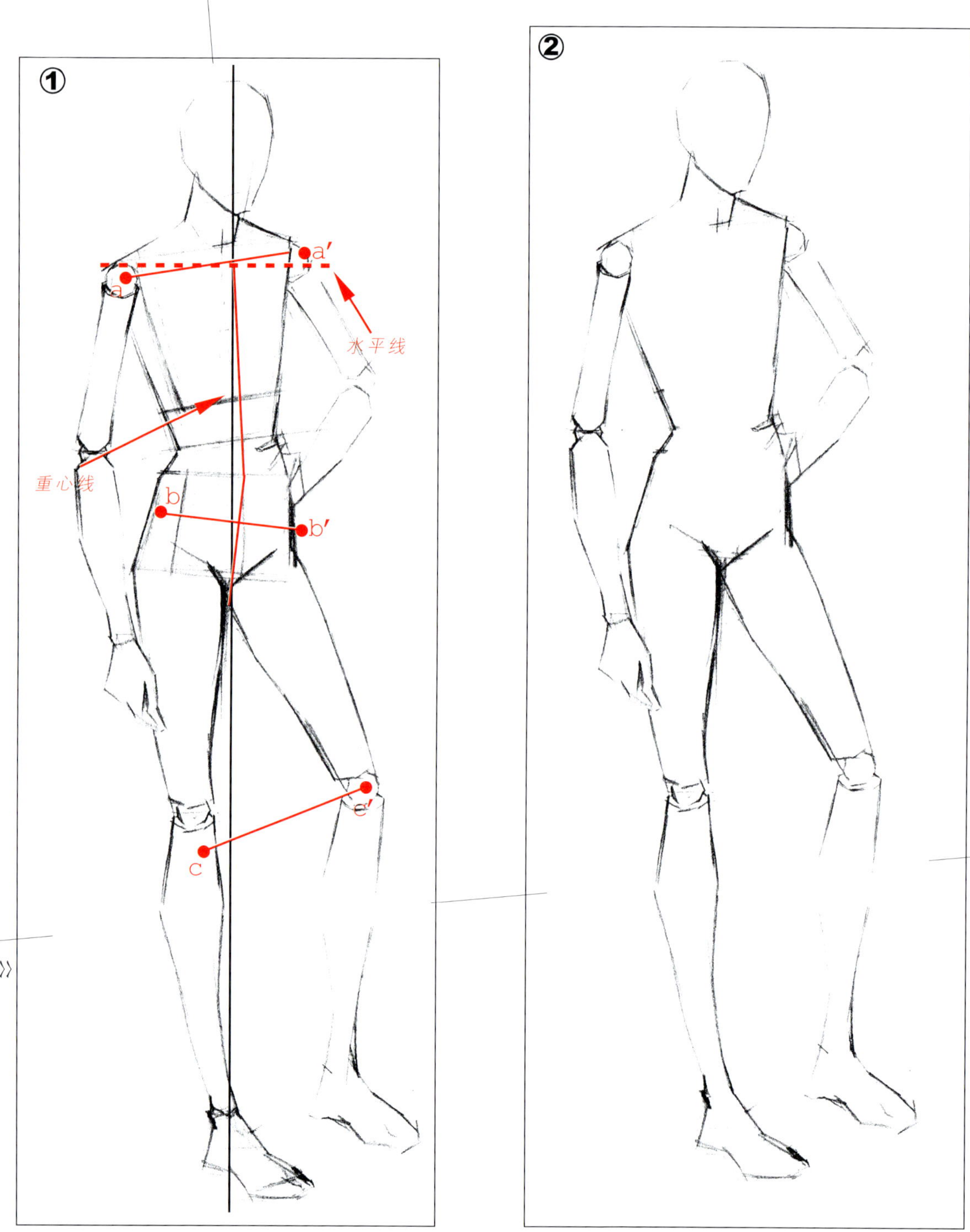

正面站立的姿势一般在时装画中出现得并不多，而这种3/4 侧面的姿势就很常见了。

①人物的重心在右腿，左腿是放松的，这使得肩和胯的运动方向（即aa′ 线段与bb′ 线段的走向）刚好相反。人体中心线偏离了重心线，两者之间的角度越大，说明人物扭动得越厉害。

②完成后的效果。

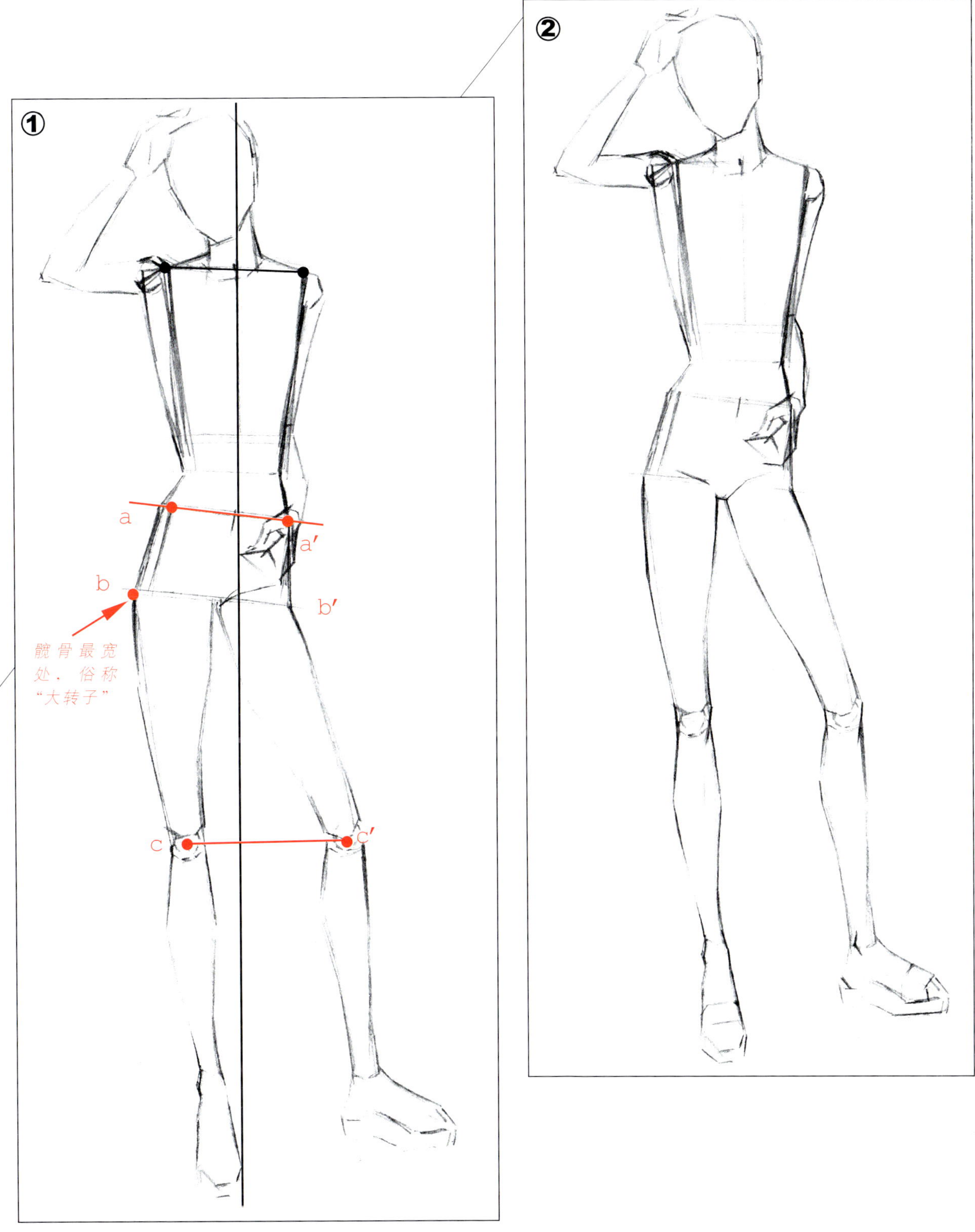

在这个姿势中：

①人物重心在右腿，胸廓基本保持水平，骨盆略微有点倾斜，是一个很微妙的动势。从中我们可以总结出：当aa′、bb′、cc′三条线段间的夹角越小时，人物的肩、腰、髋之间的扭动也就越小，人物的姿势随之越为呆板——尤其当线条相互平行时，人物的姿势有时会显得有些滑稽。

②完成后的效果。

6 侧面人体的分析比较

侧面人体在突出服装侧面设计时用处很大。由于没有了作为参照的人体中心线，所以侧面角度相对于正面以及3/4侧面而言，绘画起来会有一定的难度。但我们只要坚持将前面所提到的方法加以运用，就能把侧面人体各个体面关系抓住，并将它画出来。

①如图例所示，人物身体有点后仰，重心在两腿之间并更靠向左腿，a、b、c、d之间的连线构成一个反s形，这就勾勒出了主要动态线，人物的姿势也就确定了。

②完成后的效果。

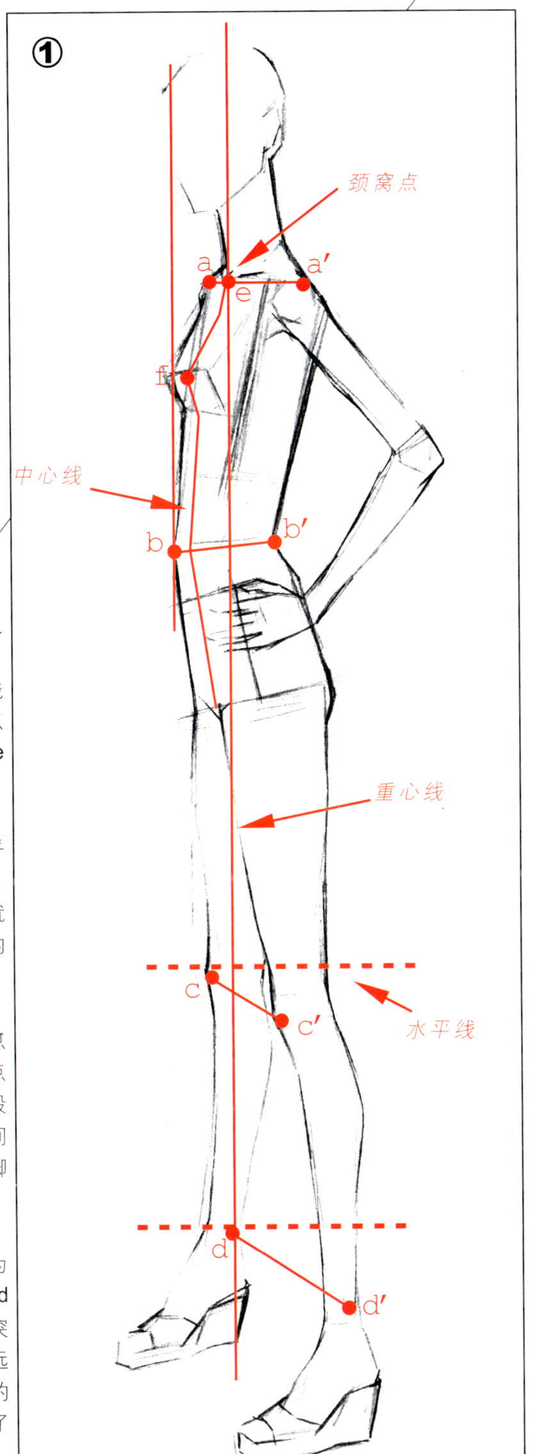

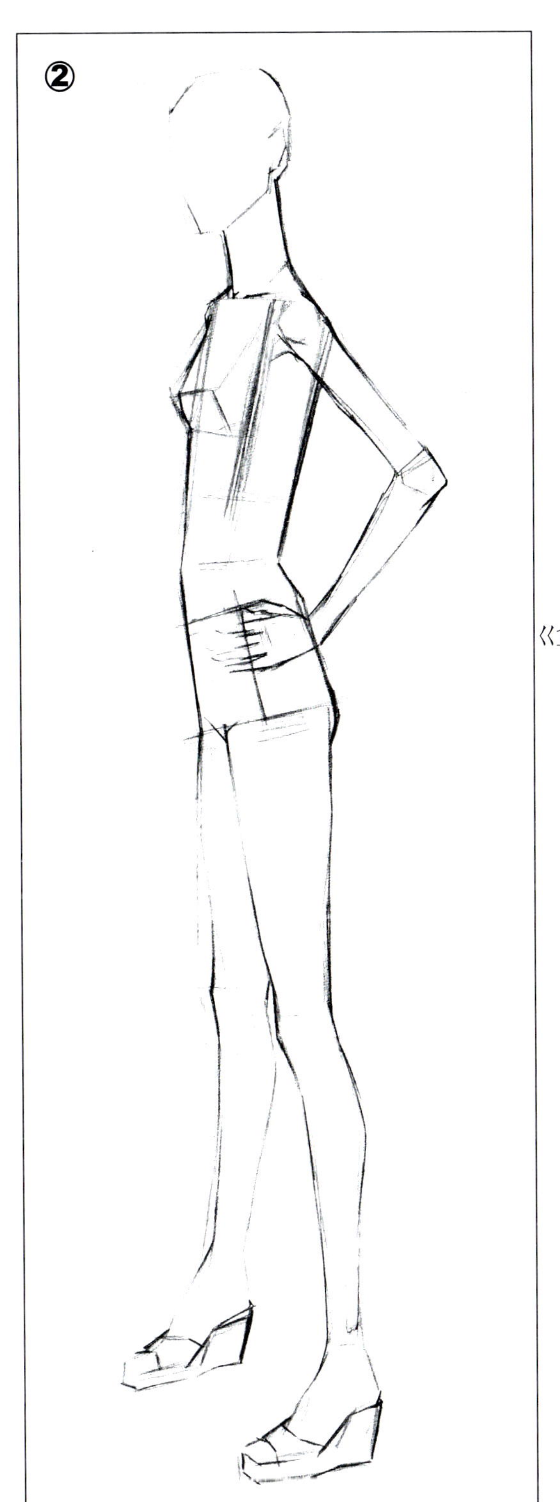

①我们来分析这一侧转人体的点、线关系：

- 肩点aa′线段为水平线段，注意比较两点到点e（颈窝点）的长短，ae约为ea′的1/3。
- 腰部b点与胸高点f几乎处在同一条垂直线上，b′点略高于b点，这就造成了小腹向前顶出的感觉。
- 以水平线为参考，c′点比c点低；d′点比d点低，而且随着cc′线段与dd′线段与水平线间的夹角增大，人物两脚间的距离也就越大。
- 以图中标出的垂直线为参考，比较a、b、c、d各点的关系，b点最突出，d′点离垂直线最远——正是由于这些点的不同位置，从而决定了人物呈现的姿态。

②完成后的效果。

7 背面人体的分析比较

①

颈后部

肘关节后部

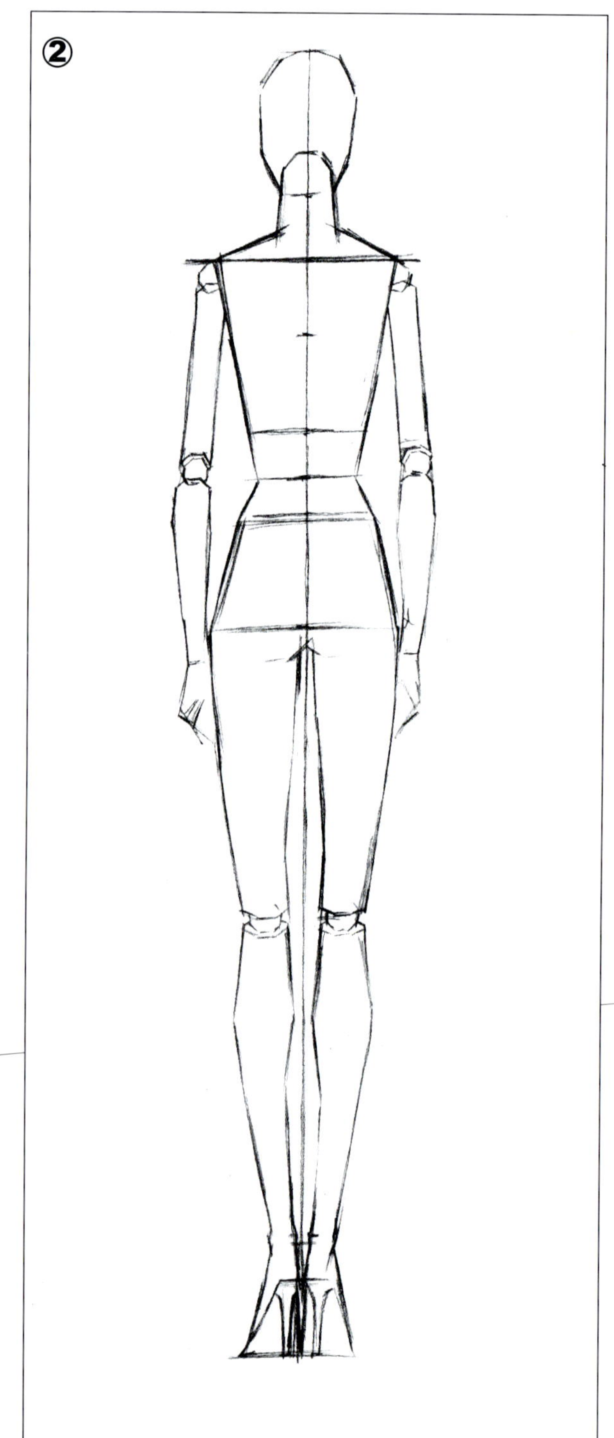

①人体背面与人体正面的比例关系基本一致，只是在头部、臀部、手部以及脚后跟处有所不同。

- 颈部可以看到后颈项。
- 肘部的圆球与圆柱的关系与正面的肘部刚好相反，请参见前面内容。

②完成后的效果。

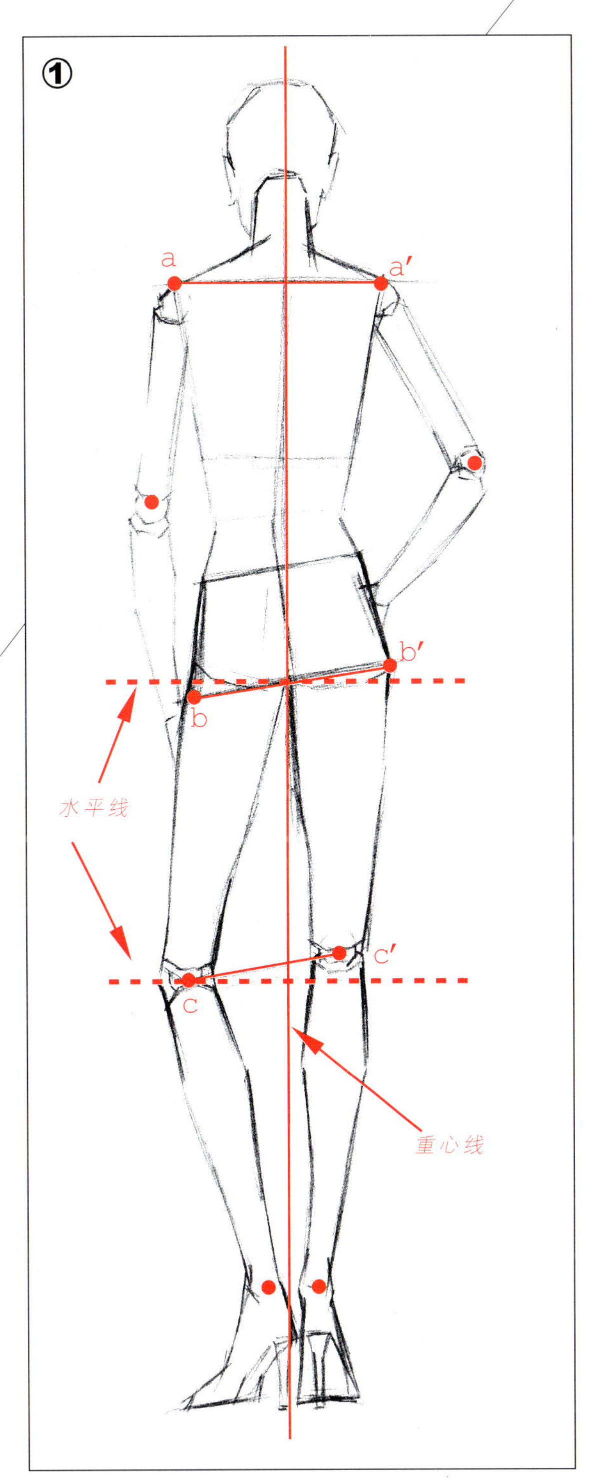

①如何表现背面人体的动态呢？请看图例：

■ 重心的改变使人体的肩线与胯骨线发生变化，两条线的运动轨迹刚好呈相反方向，右肩低，右胯就高；反之亦然。

■ 肩点 a 与 a′ 处在同一水平线上，并且到后背中心线的长度基本一样。

■ 以水平线为参考，b′点比 b 点高；c′点比 c 点高。

②完成后的效果。

各种动态的人体之一

这是最常见的姿势之一。注意模特儿右胳膊的肘关节向身后弯曲，看上去仿佛比左胳膊短了一节，这是透视变形的结果。

当你对人体的基本形态有了一定的了解之后，你可以找一些时装照片作为参考的对象，将人物的动态临摹下来。这里给出了一些常见的模特儿姿势。

扭动幅度较大的姿势。

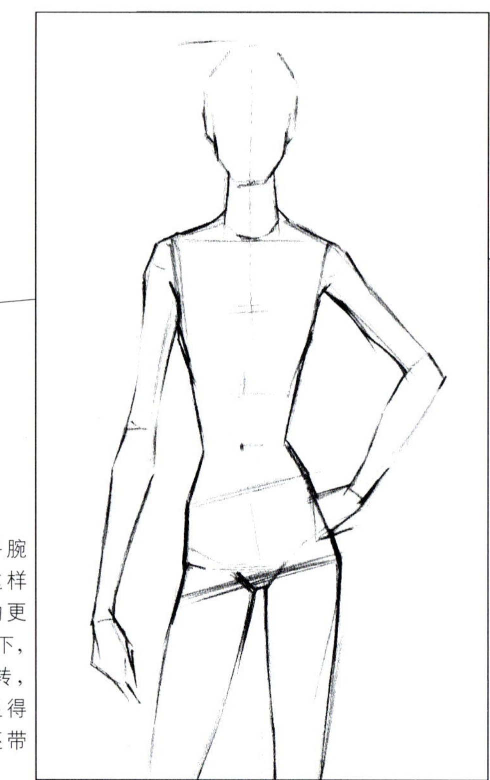

注意模特儿的右手腕是向内弯曲的，这样的处理是为使人物更具力量感。试想一下，如果手腕向外翻转，那么这个姿势将显得有些张扬，甚至还带有一丝轻佻。

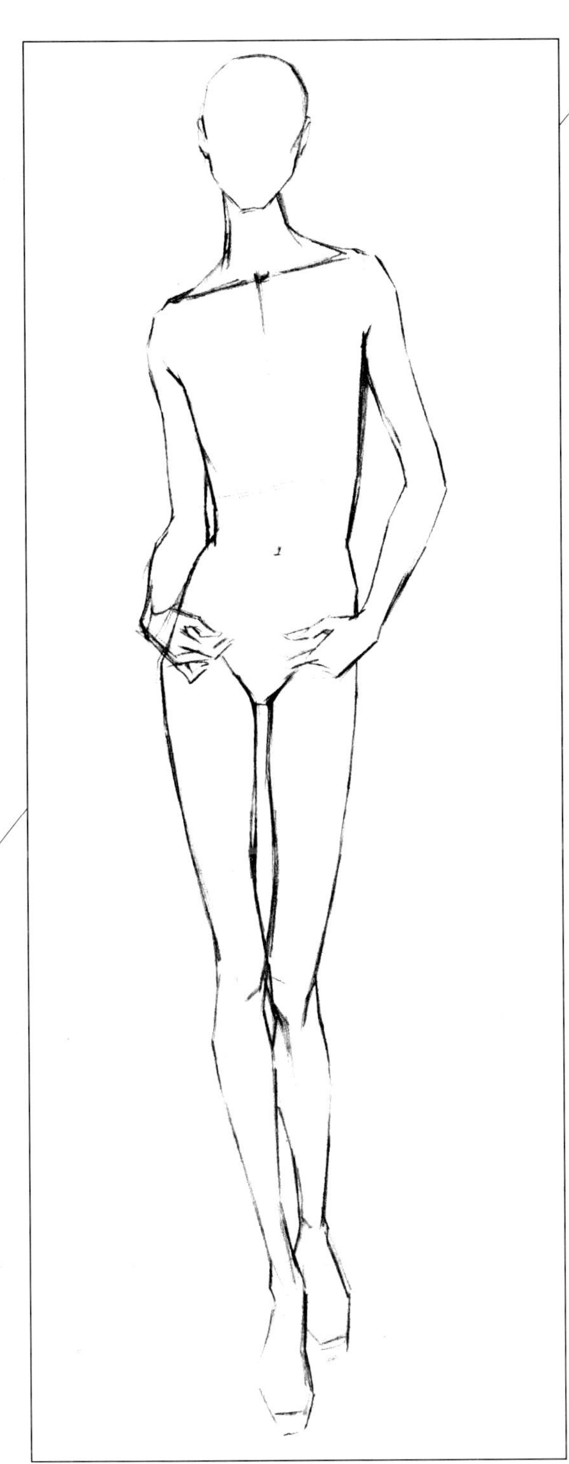

这是时装杂志中出现频率最高的姿势。由于大量的时装照片都是在发布会现场抓拍的，所以模特儿常常呈现的是正在 T 台上行进的状态。好好练习一下这个姿势吧。

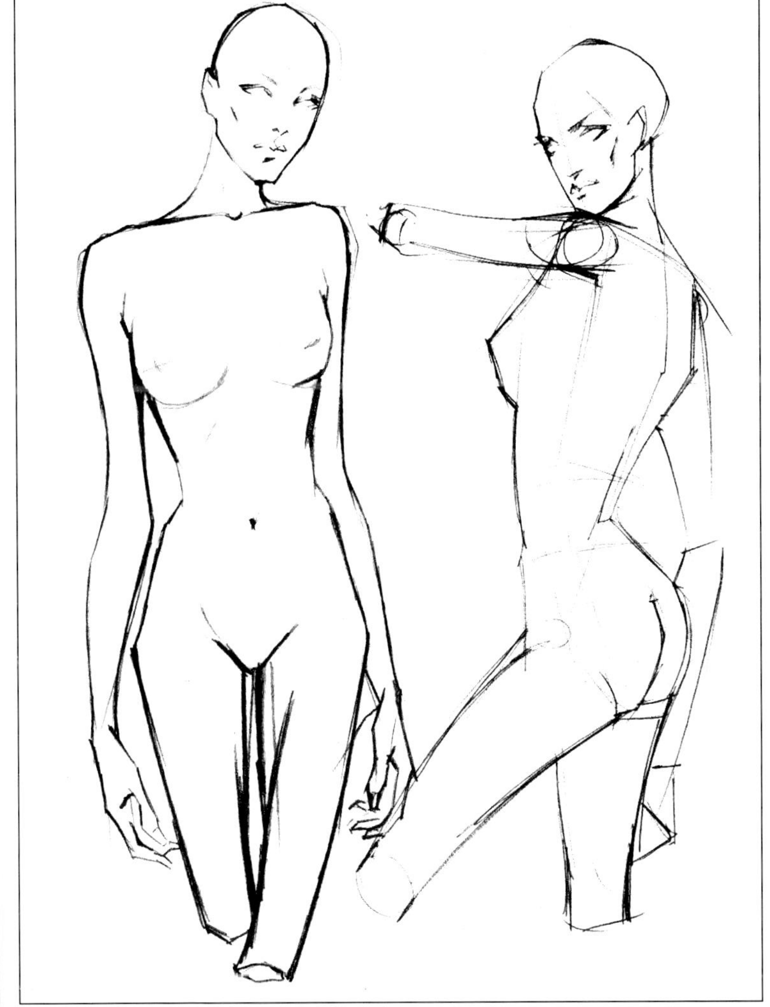

右边模特儿姿势的角度较为特殊，在表现服装背部结构时不失为一个很好的选择。同时它可以与左边的模特儿一起形成一个组合，在表现系列服装时可以采取这种方式。

9 各种动态的人体之二

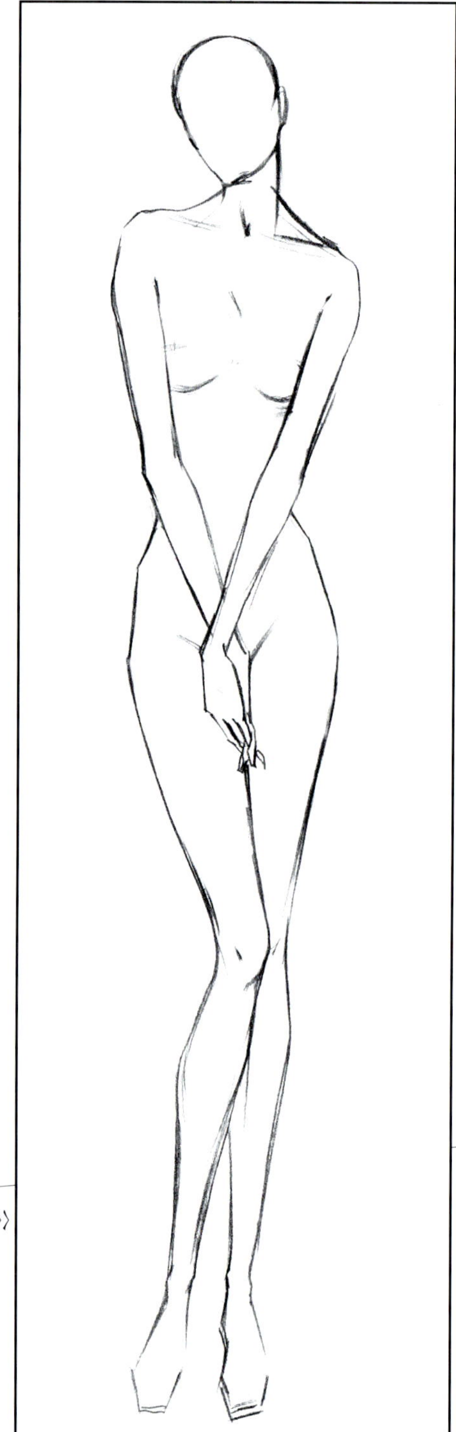

这种姿势在日常生活里出现会给人以忸怩之感，但在时装画中它却会给画面增加戏剧效果。

正面奔跑的姿势不太容易表现，因为人体由于透视的原因会产生一些变形。在这幅画中，人物向后甩动的右臂和向前跨出的右腿都是变形较大的部位。好在这样的姿势在时装画中出现的频率并不高，多在表现一些运动服装时才有可能遇到。

内衣的表现对于人体塑造的要求很高。

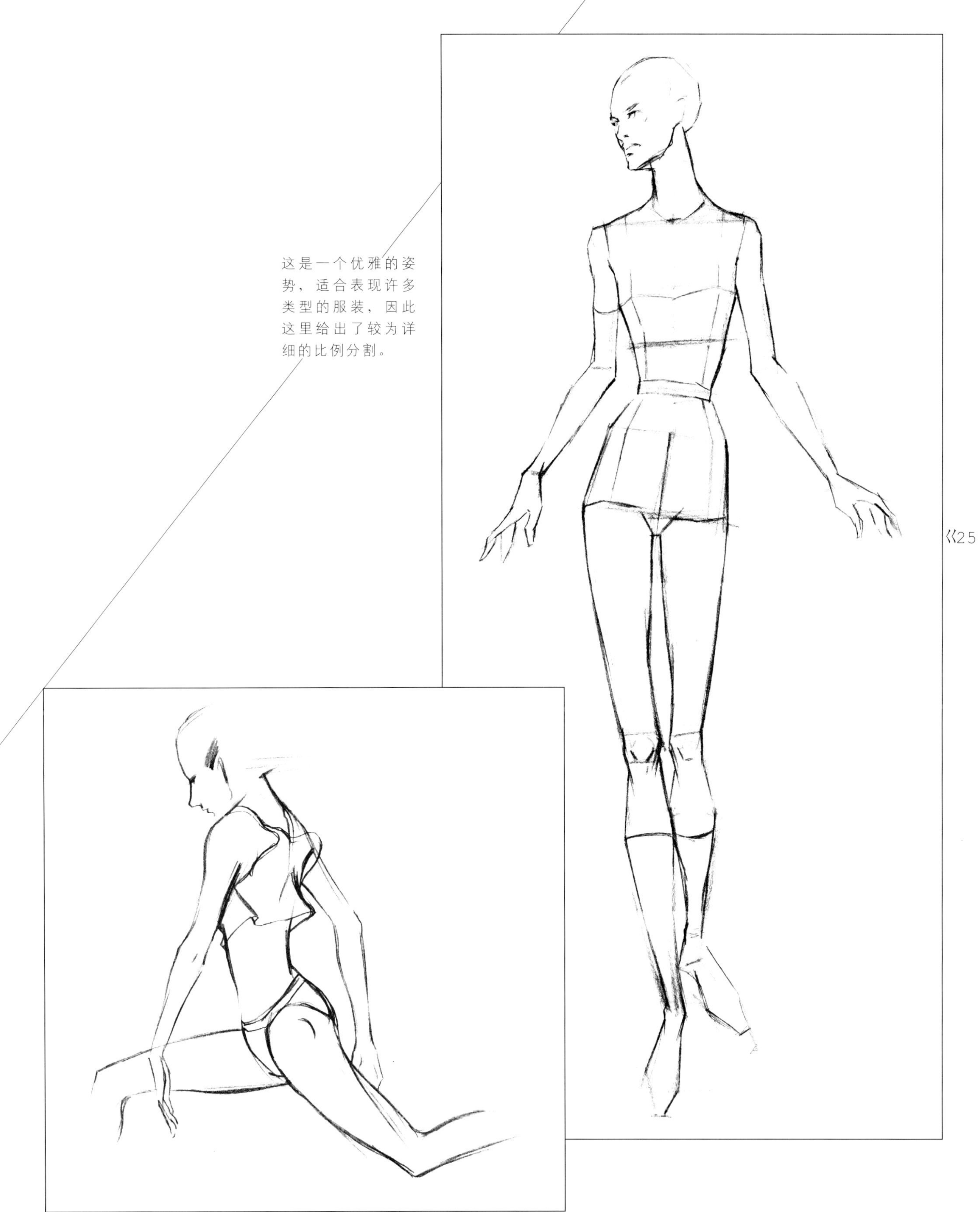

这是一个优雅的姿势，适合表现许多类型的服装，因此这里给出了较为详细的比例分割。

侧面奔跑的姿势。

10 男人体与女人体的比较

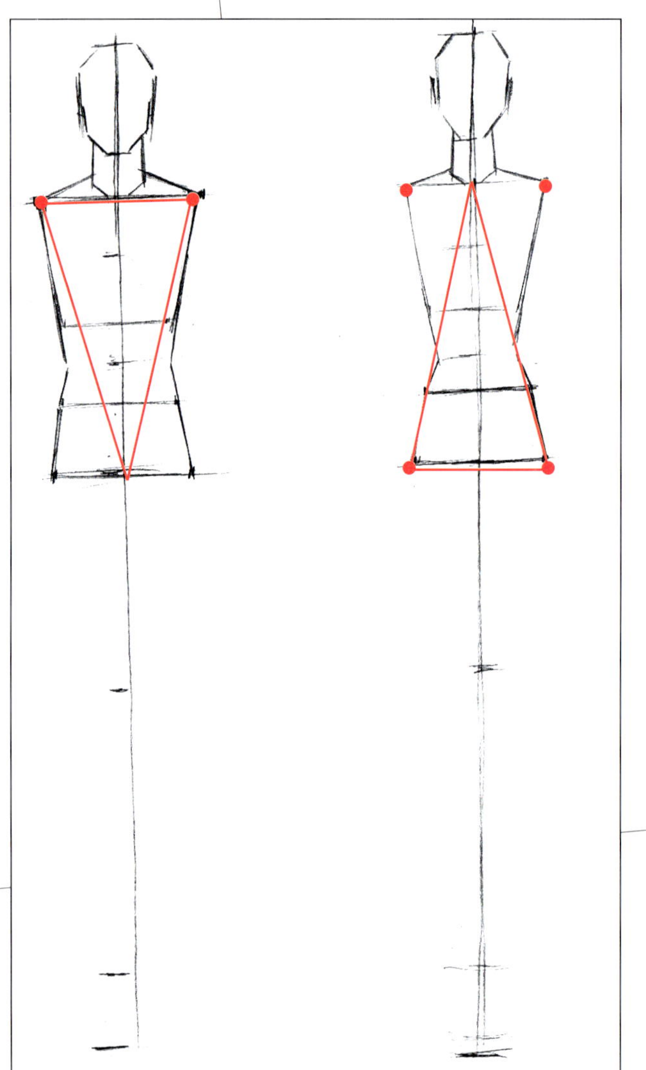

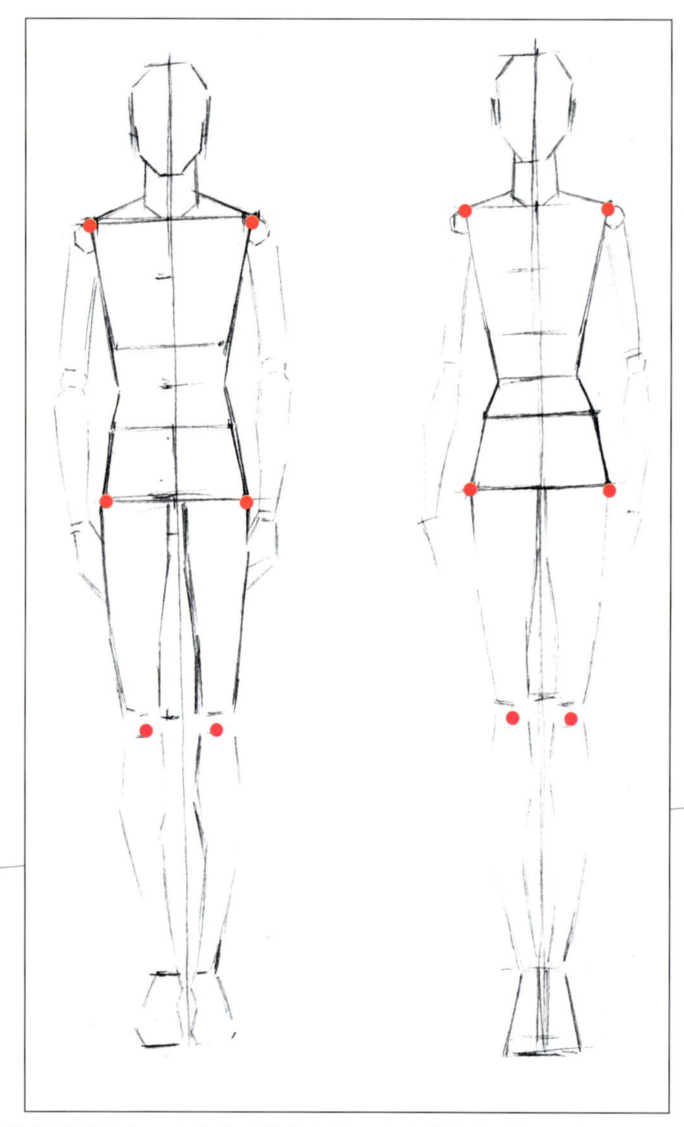

俗话说“男女有别”，而最明显的差别就在双方的外形体态上面，这尤其应当引起设计师的重视。

相同高度的条件下：

- 男性的颈部较粗，而女性则显得纤细。
- 男性的肩宽有两个头多一些，而女性的肩部较窄，宽度在两个头宽偏小一点。
- 男性的腰部较女性要粗。
- 男性的胯骨较女性窄，上身呈倒三角形，女性则刚好相反。
- 女性相对于男性有较大的骨盆。
- 男性较之女性有较大的胸廓。

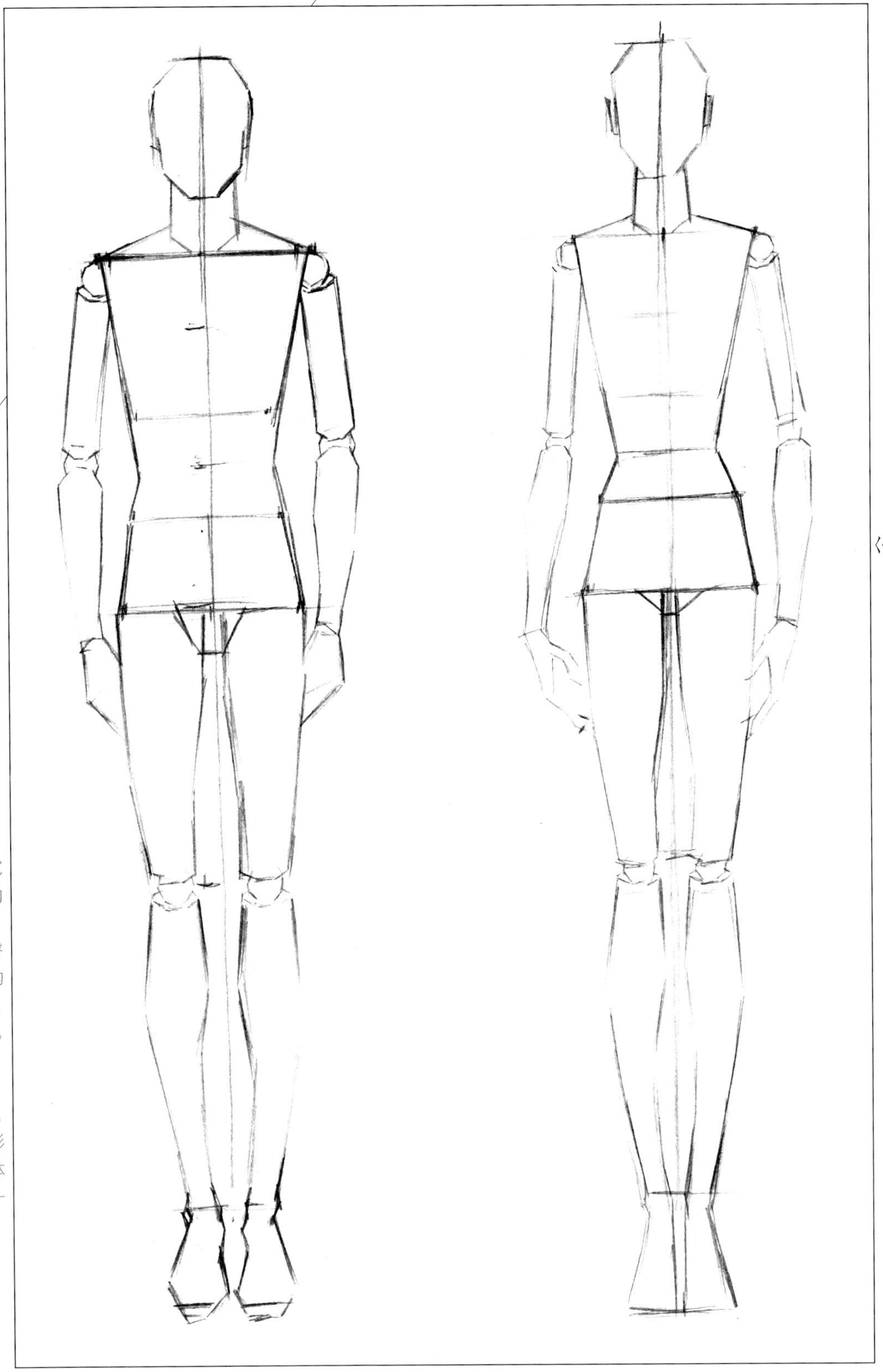

从整体上看，男性的肩部较宽而臀部较小，同时具有粗壮的骨骼与丰满的肌肉。
而女性相对而言腰线较长，臀部较宽，股骨和大转子的结构比较明显。此外女性乳房突出，整体呈现出苗条、圆润的特征。

注意图中所标注出的结构点，这些骨骼隆起处靠近体表，影响人体的外形，从而影响人体的着装状态，在人体与服装一节中我们会进一步地分析。

11 各种动态的男人体 之一

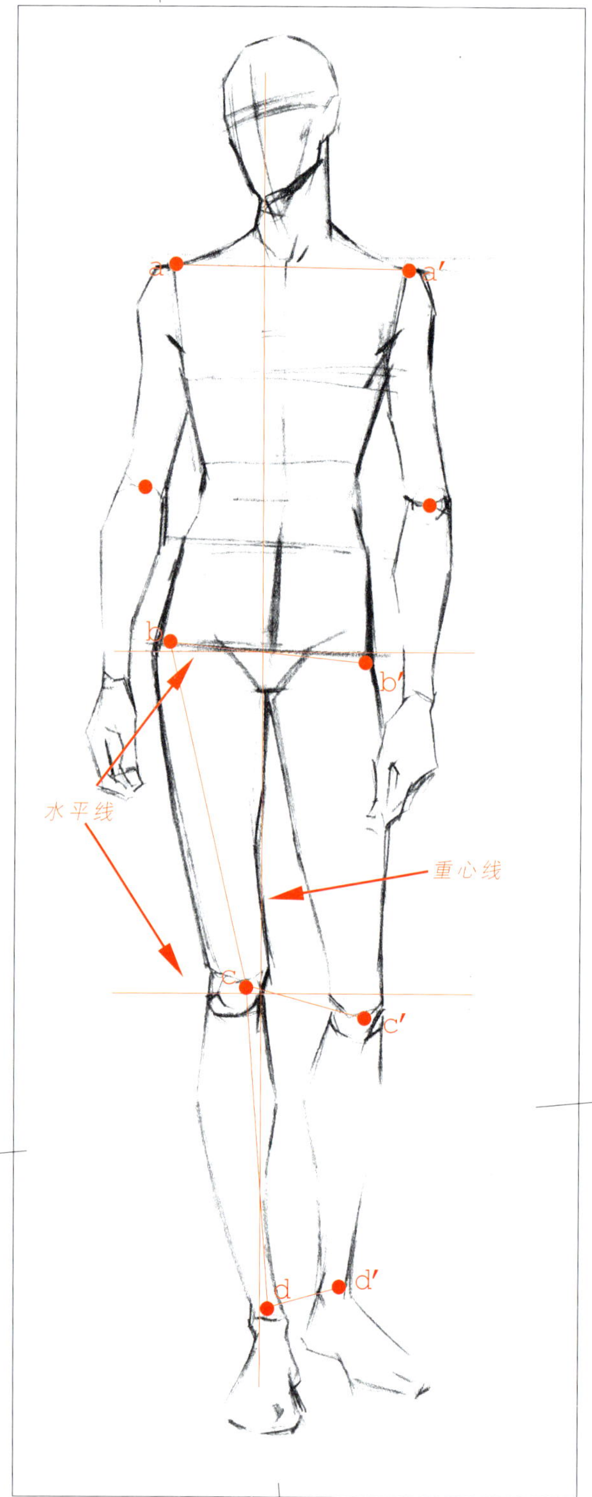

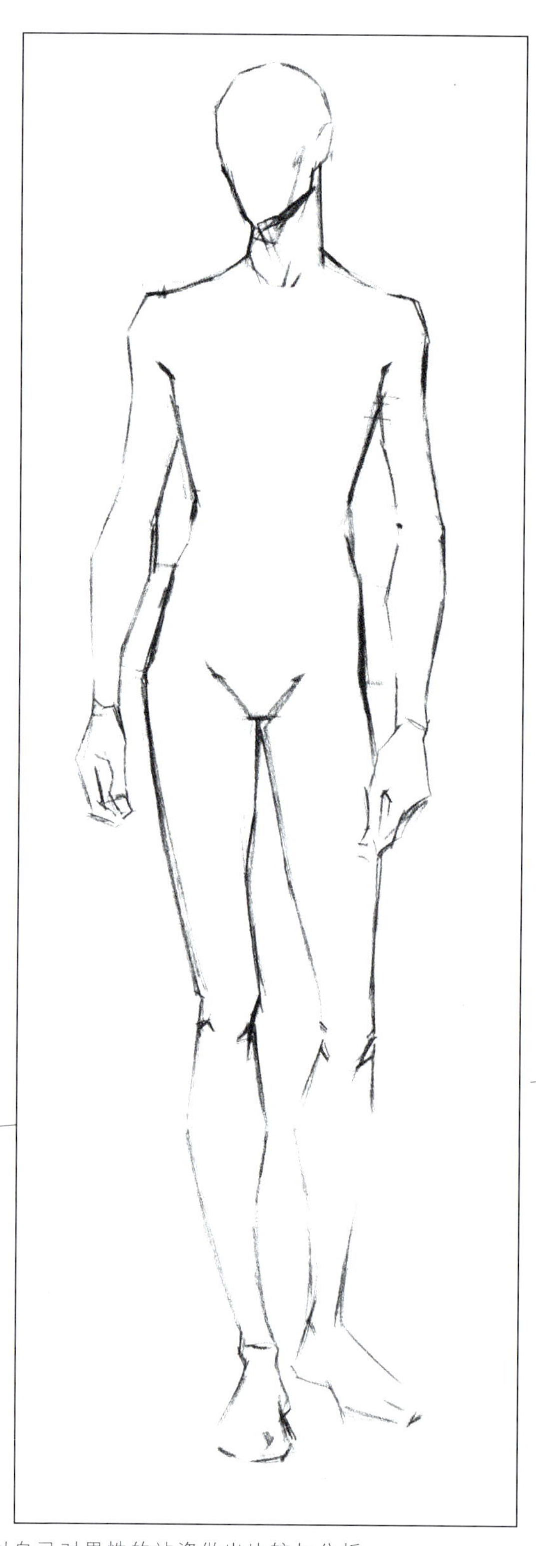

运用前面所学到的方法，你可以自己对男性的站姿做出比较与分析。
请注意，在画男人体时，横向的宽度都应比画女人体时拉大一些。

重心在两腿之间并更靠近左腿。

重心在靠后的右腿上。

各种动态的男人体之二

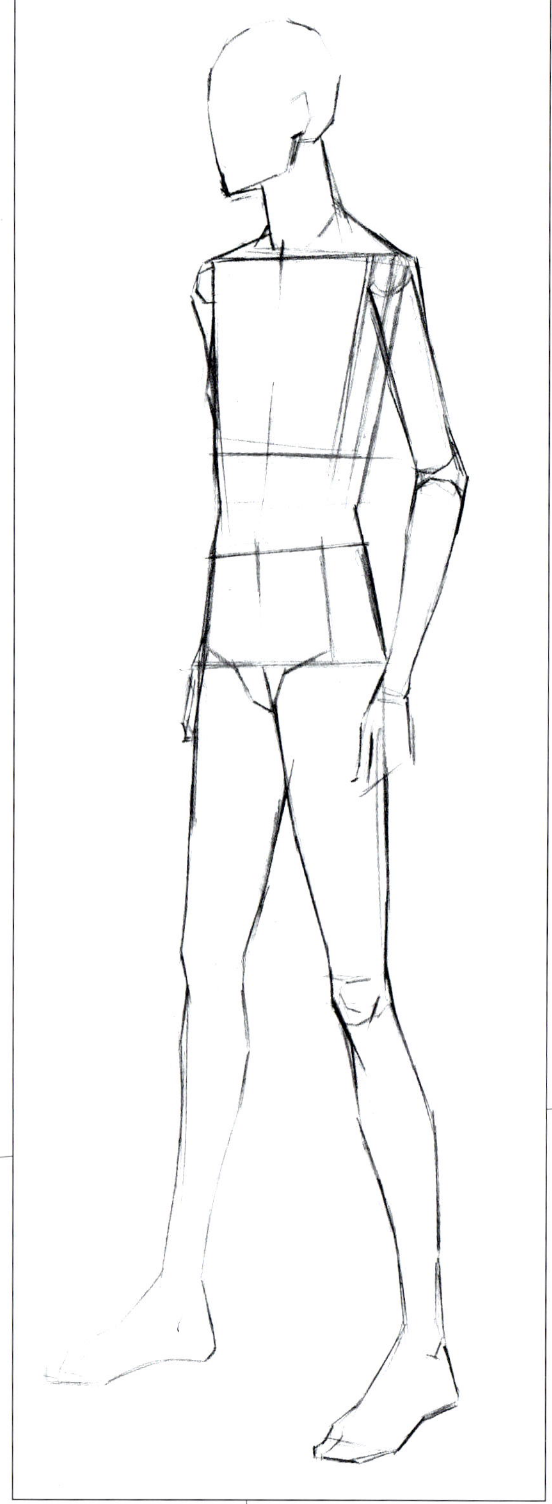

重心在两腿之间 3/4 处的侧面人体。

重心在左腿 3/4 处的侧面人体。

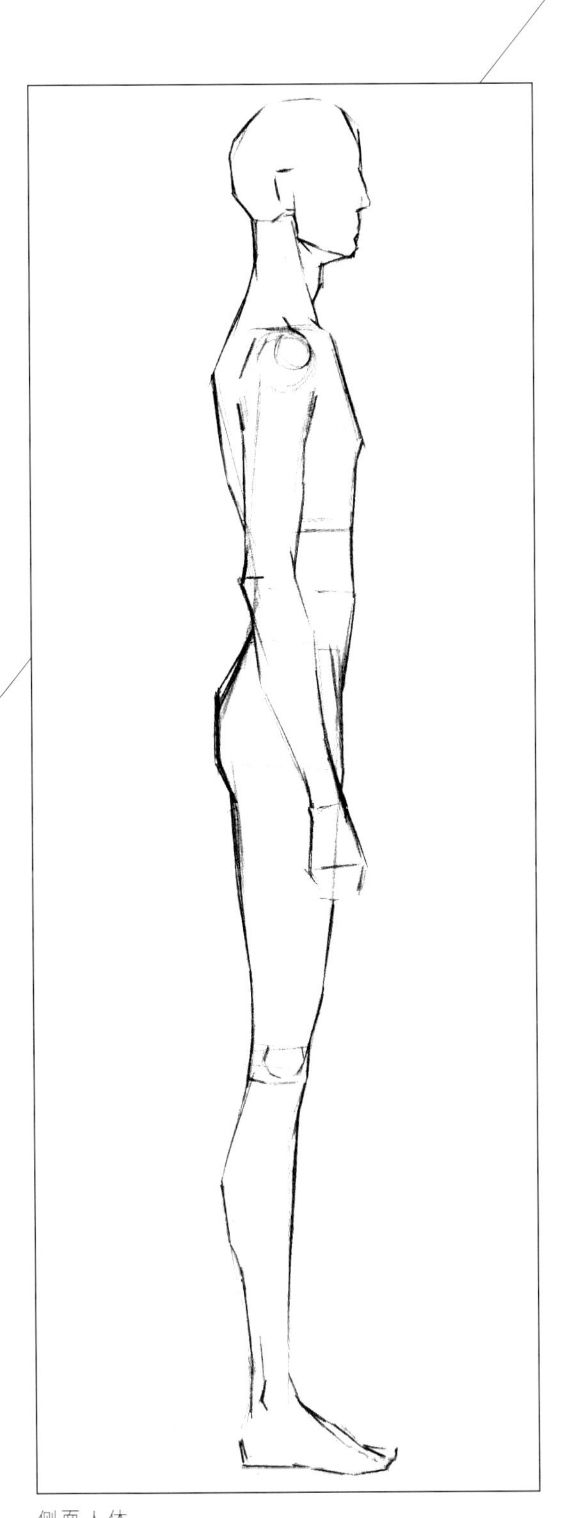
侧面人体。

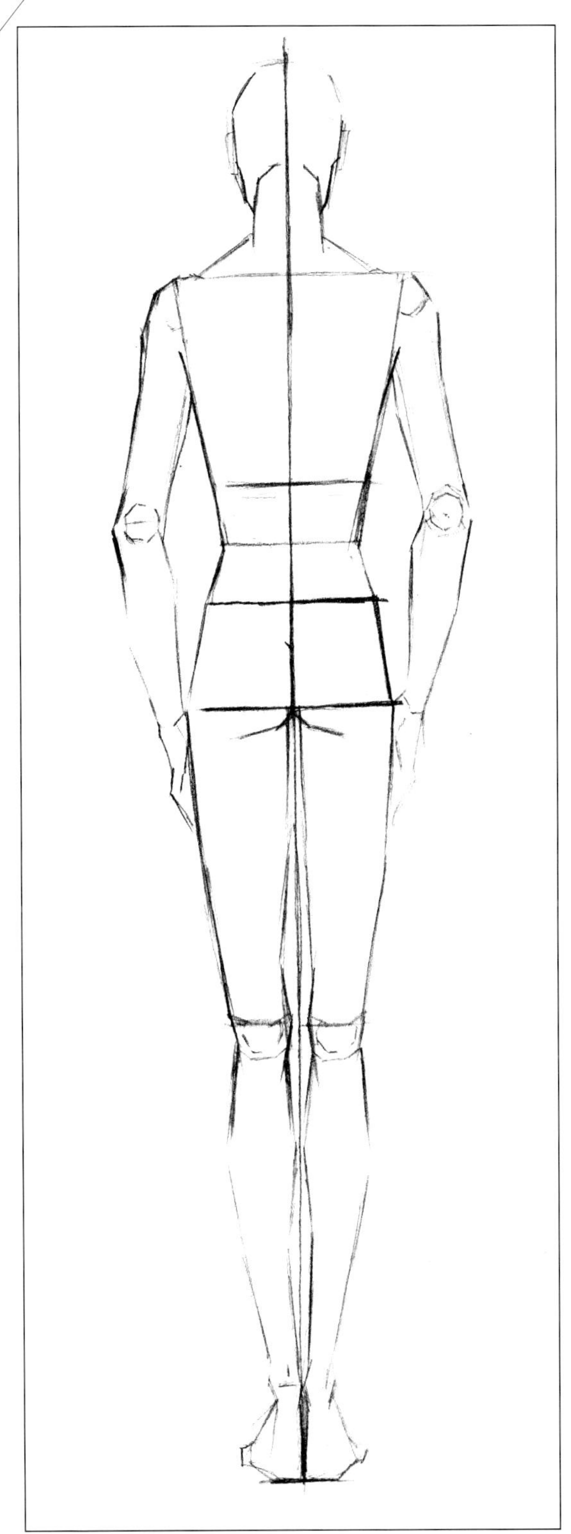
背面人体。

有一定绘画基础的朋友可能对人物头部比例的“三庭五眼”等内容都有所了解，所以在此我们就不再作为重点加以讨论。我们要强调的是，在时装画中，在勾勒头部时一定要考虑到人物在化妆、发型、头饰等方面的时尚感，多找一些时装照片或明星画报来临摹，效果会很不错的。

13 手、脚&鞋之一

"画人容易画手难"，许多人在画时装画时总很惧怕手的表现，关键就在于手部的骨骼与肌肉数量较多，从而手部容易呈现出比身体其他部位更多的形态。

其实在画手时，我们可以将手的结构进行几何化处理，将其简化为几个块面：手掌是一个不规则的梯形块面，而手指可以处理成为一截一截长短不等的圆柱体，关节处则依旧以圆球体表现。在完成以上步骤后，再进一步进行指甲等细节的描绘，同时别忘了稍加明暗关系来表示肌肉的穿插与骨骼的隆起。

以下给出了时装绘画中较常出现的手的姿态，例如扶腰、提包、自然下垂等动作。请注意，一般情况下，在时装画中的女性手部应尽量处理得修长、圆润，除了关节的转折，表面不要有太多的凹凸。

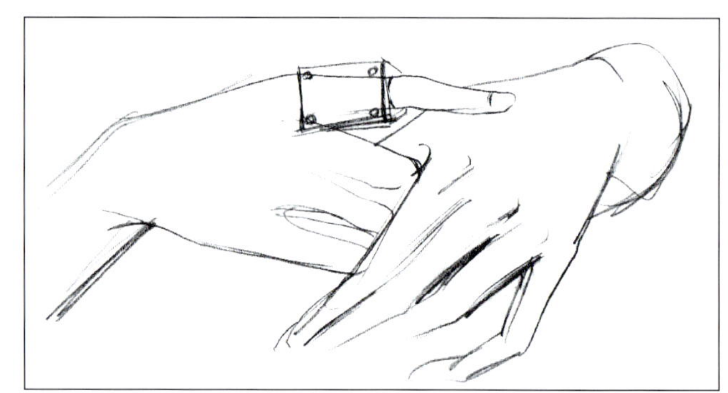

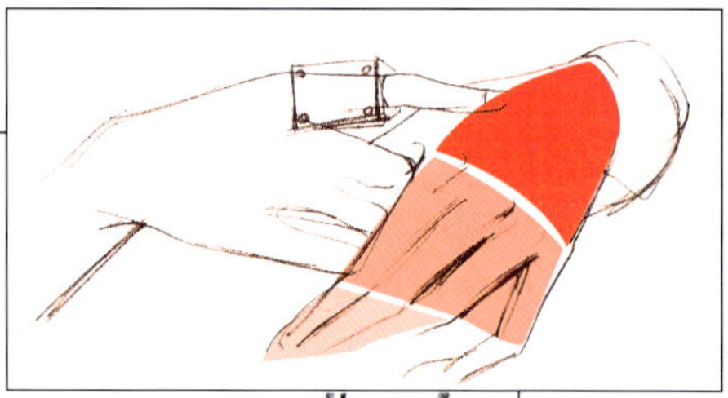

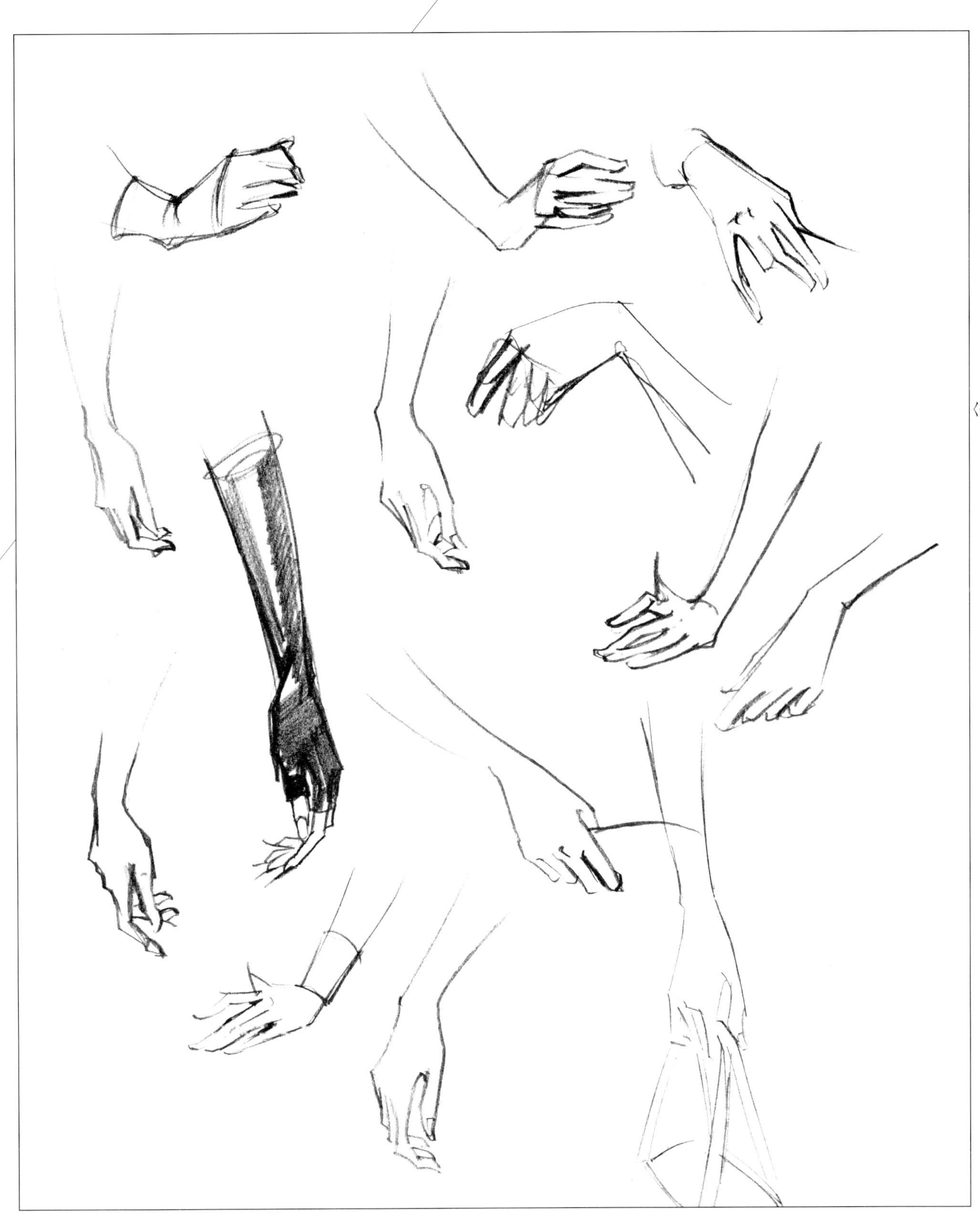

手、脚&鞋 之二

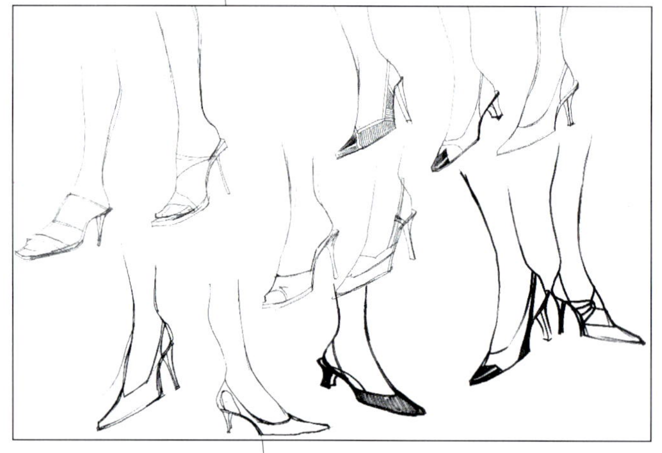

脚的描绘与画手的方式一样，也可以先将其简化为几个大的块面。

需要特别注意的是：①一定要画出脚的厚度感，即要考虑到脚趾头与地面之间的距离，如果将脚趾尖与地面直接相连，那么处理出来的脚只能是一个薄片而缺乏美感。②脚后跟的造型与厚度不能忽视。许多人在画脚时往往简单地用一条直线将脚踝与脚掌圆顺地连接起来，而不去表现脚跟向后隆出的部分，这会使脚在站立时缺乏稳定感，人物往往会给人以向后仰倒的感觉。

在时装画的创作中，鞋是传达时尚讯息很重要的一个部分，它与服装相互辉映，共同营造出服装的整体感觉。在掌握了脚的结构之后，只要将鞋套画在上面就可以了。当然，在套画的过程中，要注意鞋子与脚的吻合度以及鞋子上各个部位（例如缝线、鞋带、装饰物等）的大小比例。在这里给出了许多时装鞋的画法，请留心观察高跟鞋与平跟鞋的不同穿着状态。

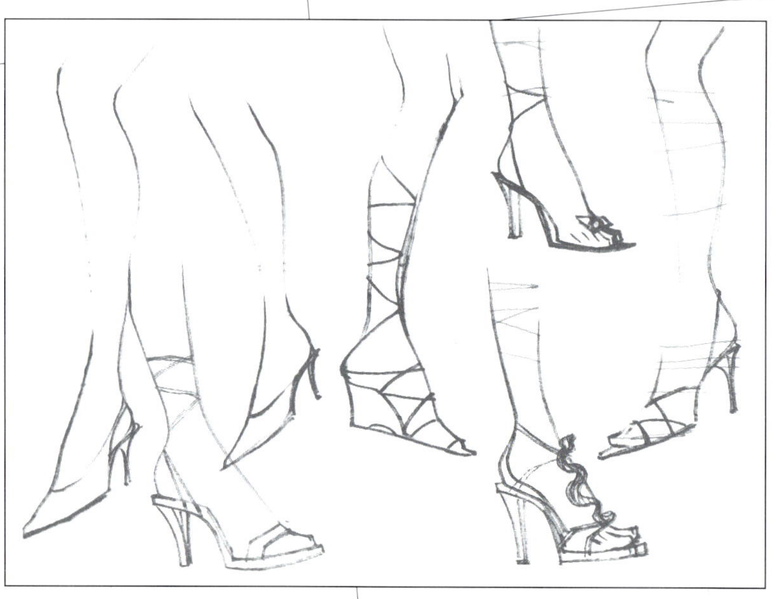

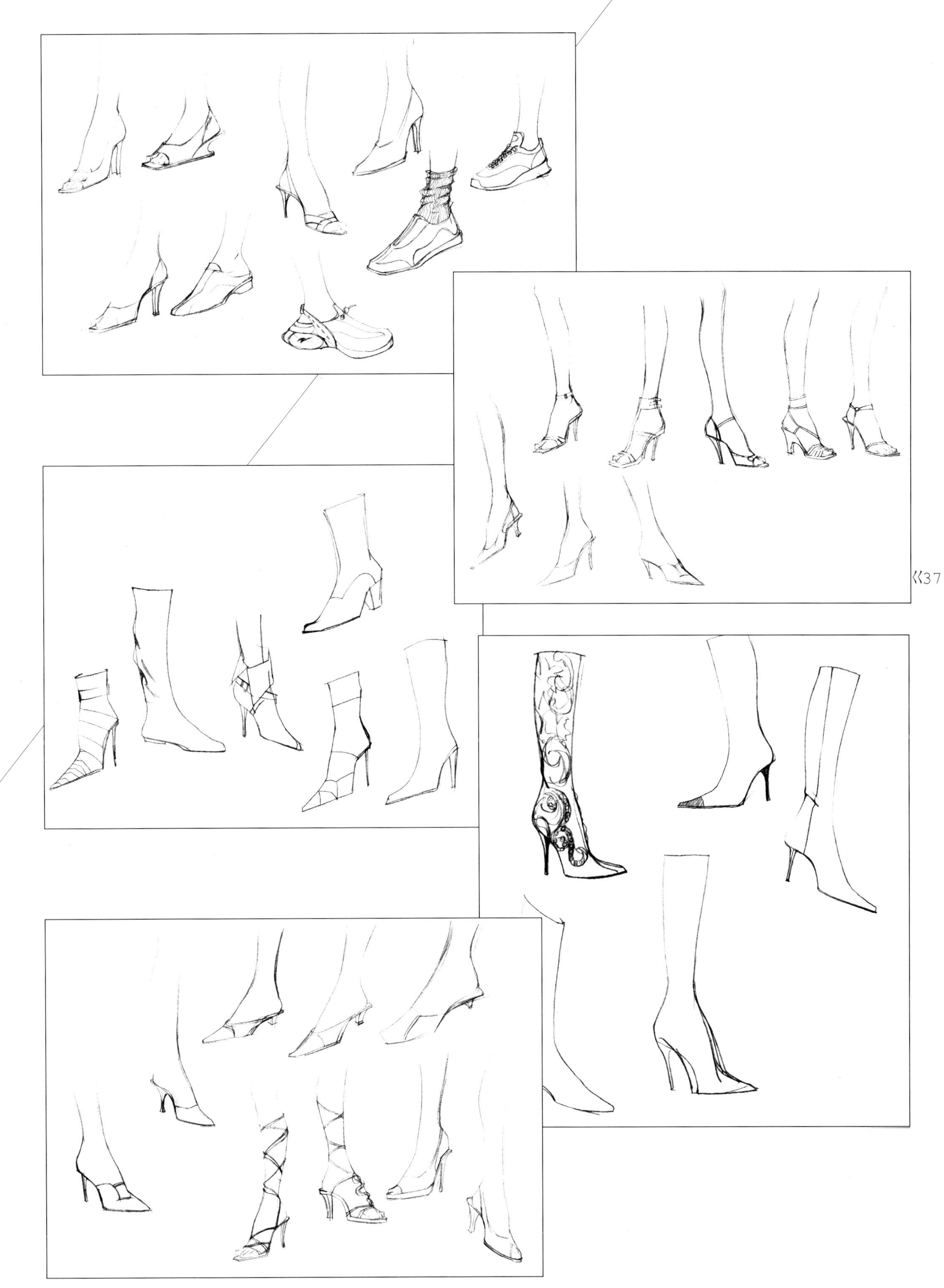

14 人体与服装的关系

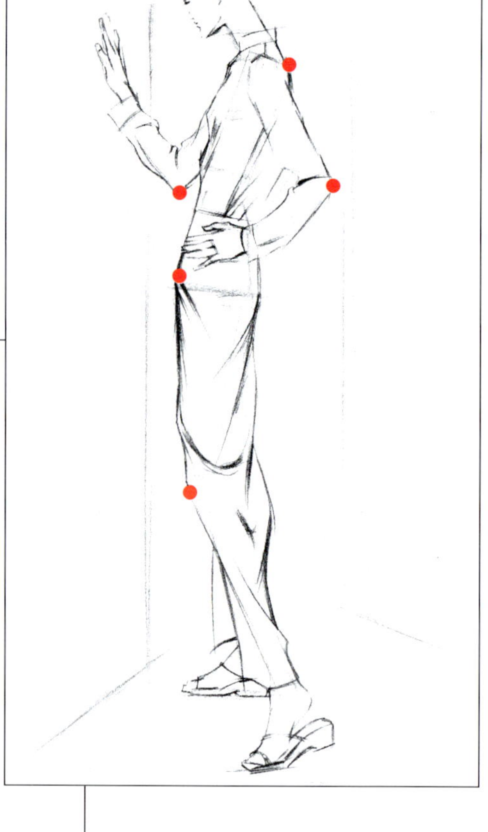

衣服是穿在人身上的，它与人体的离合产生出丰富的变化。

第一步，我们首先要注意人体在服装面料下的起伏关系。打一个比方，我们的服装就像一顶帐篷，而肩、肘、胯、膝盖等关节（图中打红点处）部位就是帐篷的支撑点，由它们决定着最终的完成效果。如果这些支撑点分布得不合理或者不到位，那么最终搭完的“帐篷”也会是奇形怪状的。所以在初学阶段还是建议大家先画出不着装的人体，然后再将服装套画上去。

第二步，注意衣褶和人体的关系。支撑点与支撑点之间多是服装面料离开人体的区域，在这些区域会有衣褶的出现。一般来说，面料的富余量越大，褶的数量也就越多。褶的方向由一个支撑点指向另一个支撑点；如果是由一个支撑点产生出来的褶，在重力作用下，它的方向则基本垂直指向地面。

如果掌握了前面的内容。那么泳装及紧身类服装对你来说就显得很简单了。先准确地画出人体，然后将服装套画在上面就可以了。相对于其他服装而言，泳装及紧身类服装的衣褶要少得多，寥寥数笔就能说明问题。值得注意的一点是，在往人体上套画服装时不要忘记表现出服装的厚度，否则给人的感觉会过于单薄。

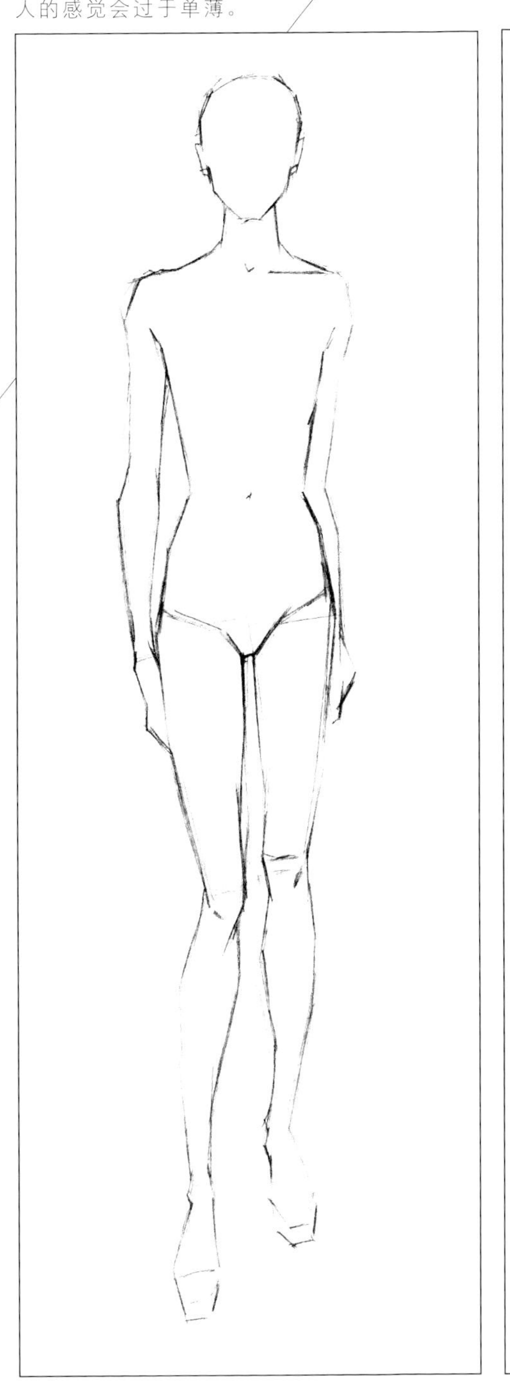

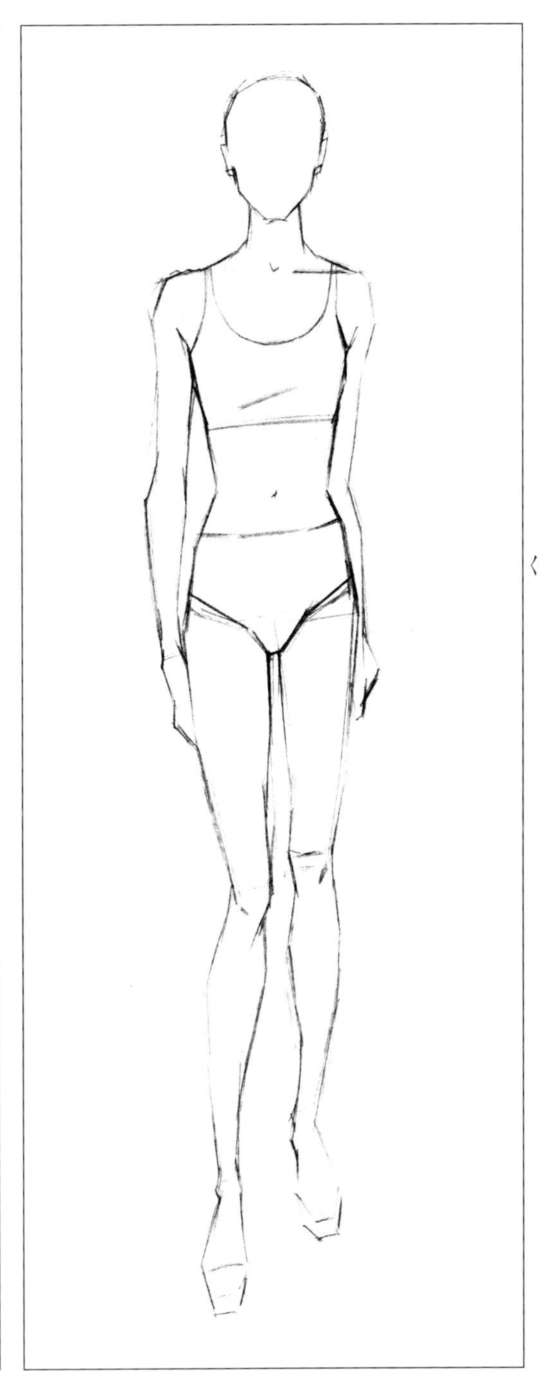

15 从时装照片到时装画

随着摄影技术的不断进步，大量的时装摄影图片已经呈现出类似绘画的效果，因此从现有的图片资料中寻求灵感来源也可以成为时装画创作的重要手段。

优秀的时装照片通常包括了时下最新的时尚资讯，从服装到服饰品，从化妆到发型，甚至最新的日用品、电器、家具、建筑物等等，总之它反应着当今社会中最时髦的生活方式，而这些因素恰好为时装画提供了最好的素材。

尽管有那么多的图片供我们参考，但必须明确的一点是，时装画是一项创造性工作，它的目的不是简单地在纸上再现摄影作品，而是根据自己的创作需要将各种分散的元素进行重新的组合，有时甚至可以仅仅根据一幅照片所呈现出来的气氛而重新创作一幅全新内容的时装画。

当然，对于初学者来说，临摹时装照片也未尝不是一种加强基本功训练的方法。

②

③

从时装照片到时装画:

①仔细观察照片，尤其注意人物的整体造型。

②根据观察结果先画出不着装的人体，在此可以将人体比例拉长，同时注意人物窝肩塌腰的动作特点。

③画出人物五官及手、脚轮廓并给人物套画上服装、注意衣褶间的穿插关系。

④进一步刻画细节，可以根据自己的理解添加上明暗关系。此处服装上的留白是一种处理手法，一方面它使画面效果更加生动，另一方面也使服装结构更加突出。

在从时装照片到时装画这一环节中，有意识地注意以下几个方面，可以使我们获益匪浅：

①通过选择照片，可以让我们了解到当下的流行趋势，培养对时尚的领悟力，而这种能力会在进行设计时发生效力。

②在从时装照片转化到时装画的过程中，与临摹现成的时装画的最大区别是：由于没有绘画的现成模式，创作者会在形式语言的表现上加入自身的思考和分析，而这两点有助于个人风格的形成。

③在绘画过程中一定要把它当成训练自己审美感觉的一个方法。这会潜移默化地影响着自己的品位。

2 学习PAINTER

就像我们学习写字必须先学习握笔一样，在进行数码时装画创作之前我们必须对绘画软件Painter进行全面的了解和掌握。

在这一章中出现了数量众多的有关菜单、命令、工具的专有名称，阅读起来可能会有些枯燥，请读者务必要耐下心来，尽可能地去熟悉它们，因为学习的过程本身就是一个通过艰苦的劳动将书本知识转化成为自己脑中知识的过程。一旦某天当你发现自己能够将Painter软件随意地运用并且创造出精彩的时装画时，眼前这点小小的困难与那时的喜悦之情相比，就显得微不足道了。

1 Painter 5.0 界面

初识Painter

打开Painter软件，屏幕上就出现了Painter富于人性化的界面。

对于软件的操作，我们必须首先对各个菜单及控制面板的功能有一个清楚的了解，并且进一步地去熟练运用它们，从而实现数字时装画的创作。

如果你是初次涉及Painter软件，不要被Painter看上去强大的功能所吓倒并因此而迷失了学习的方向。只要你对数字时装画创作有着强烈的爱好，只要你耐心地按照书中安排的步骤，一个功能、一个命令地去认识Painter，相信你最终总是能画出极具艺术感染力的时装画的。

在第一阶段，我们只要求你能熟练地掌握单个命令。

菜单栏选项——Windows 视窗菜单

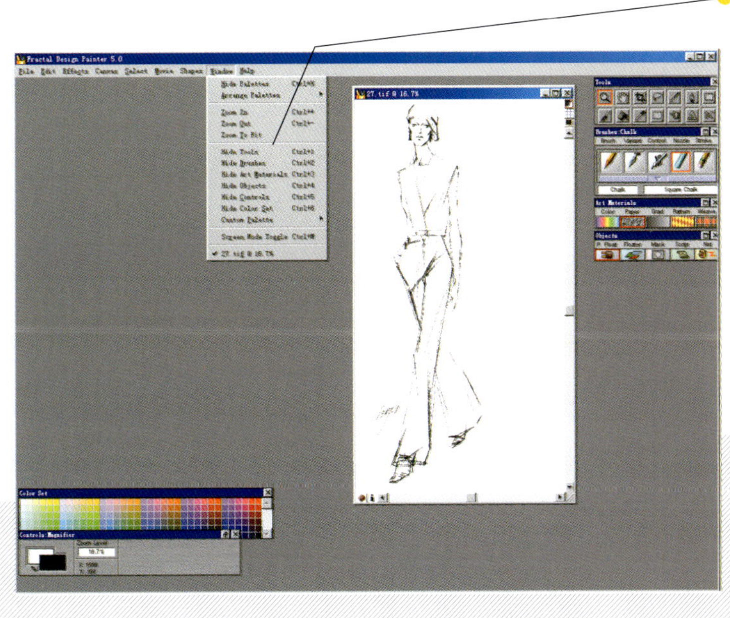

首先对 Windows(视窗)菜单做一个了解:

(1) Hide Palettes（隐藏控制面板）

(2) Arrange Palettes（排列控制面板）中的Defanlt（无效）可以按缺省方式重排控制面板，当工作区面板排列较乱时，可以试一下该命令。

(3) Zoom In（放大）

(4) Zoom Out（缩小）

(5) Zoom To Fit（屏幕大小）

(6) Show/Hide Tools（显示/隐藏工具）

(7) Show/Hide Brushes（显示/隐藏笔刷）

(8) Show/Hide Art Materials（显示/隐藏艺术质材）

(9) Show/Hide Objects（显示/隐藏物件面板）

(10) Show/Hide Controls（显示/隐藏控制面板）

(11) Show/Hide Color set（显示/隐藏颜色面板）

(6)—(11) 命令在显示与隐藏间互换。

(12) Custom Palette （用户自定义面板）

(13) Shortcut To New Brushes（新笔刷快捷方式）

(14) Screen Mode Toggle（屏幕模式） 运行此命令时，图像将位于屏幕中心并且隐藏滚动栏和相关信息栏。

2 菜单栏选项——File（文件）菜单

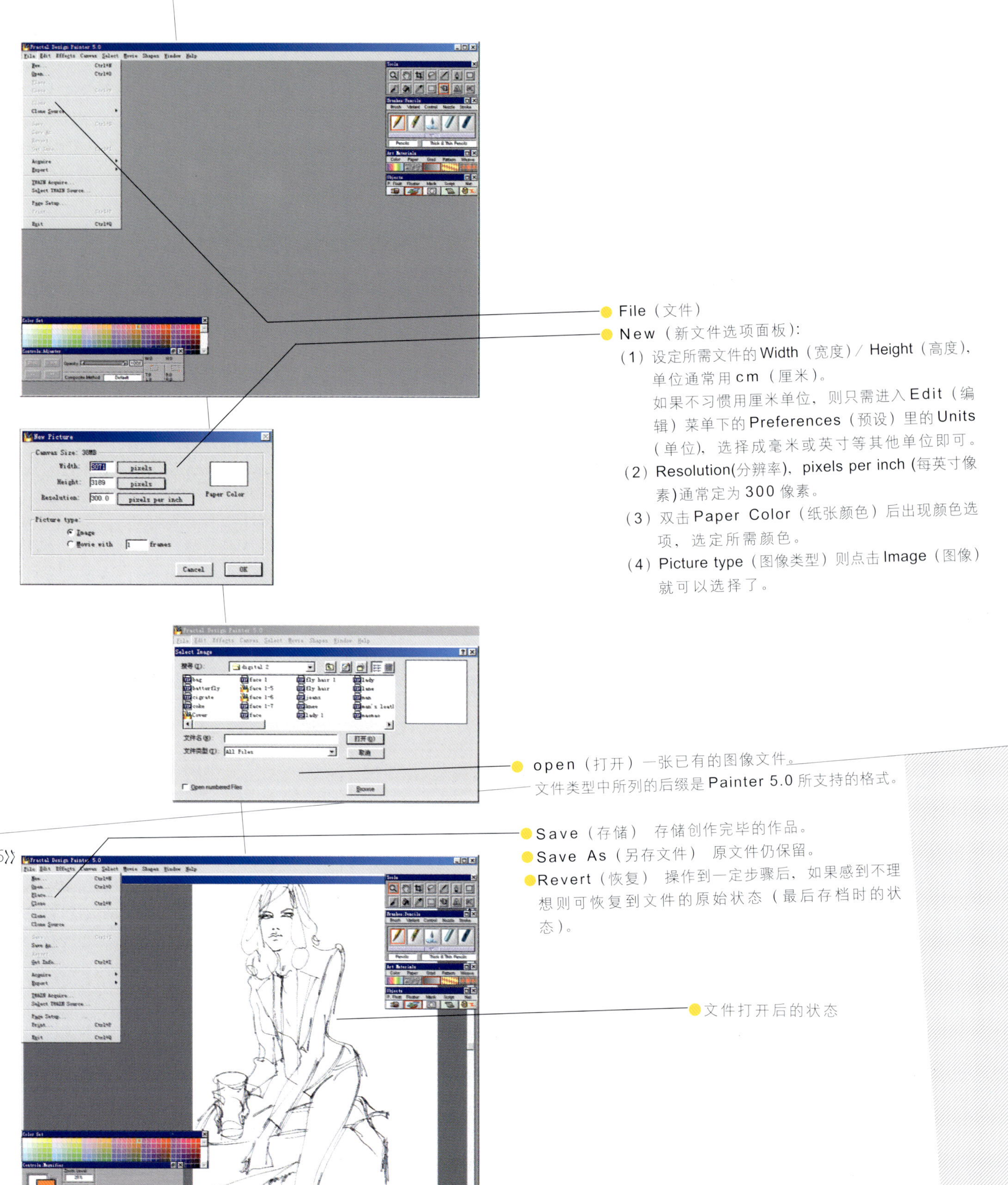

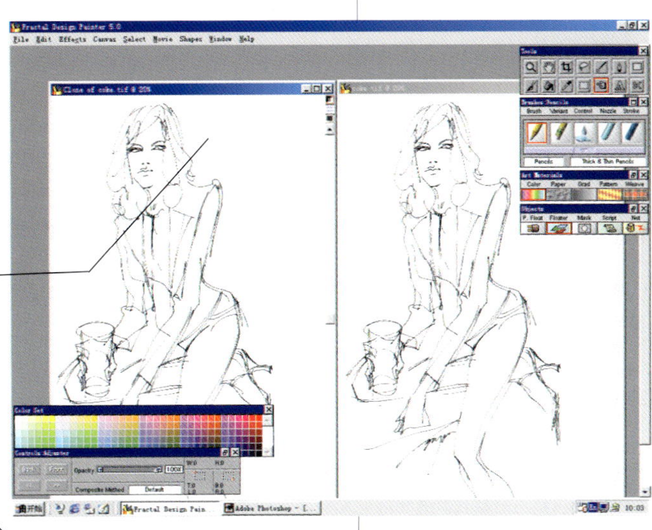

点击Clone（复制）选项，产生与原文件一样的图。

当同时打开几张图后，在Clone Source（复制原图）中指定一张图以确定原文件与Clone File（复制文件）之间的关系。

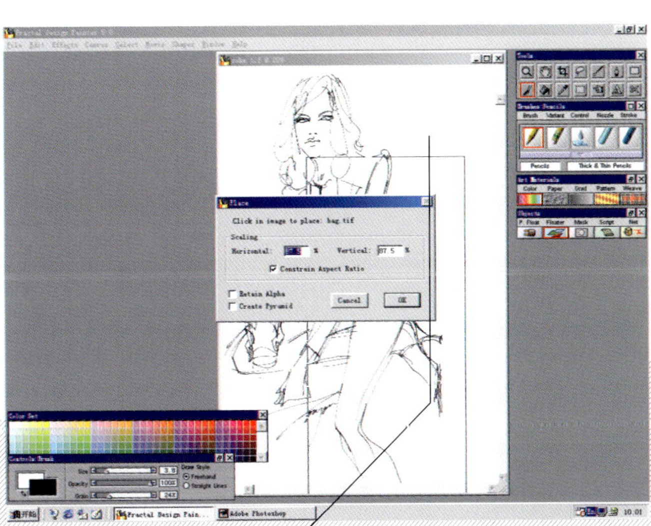

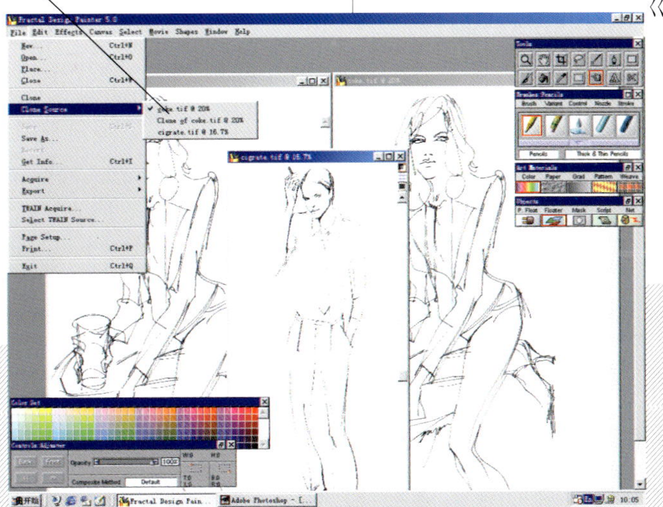

Place（置入）选项面板

Scaling（按比例置入文件）

选中Constrain Aspect Ratio（保持长宽的比例），将此文件放置在另一张图片上，该置入图像被称为悬浮层，即这一层图像是悬浮在底层图之上的。

置入后的状态

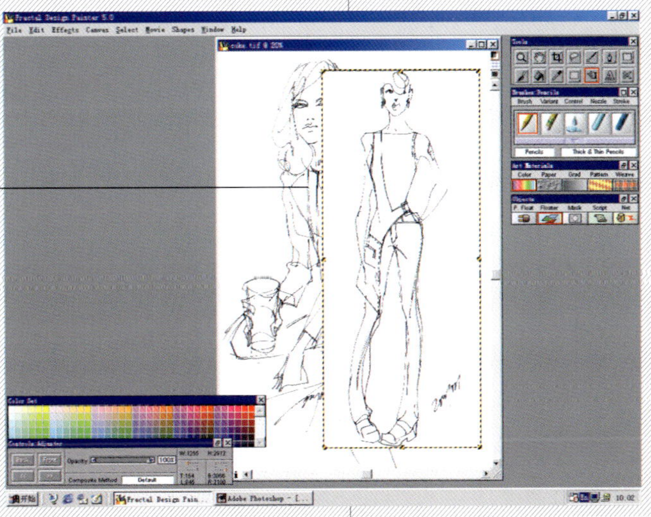

菜单栏选项——Edit(编辑)菜单

● 预置参数设置

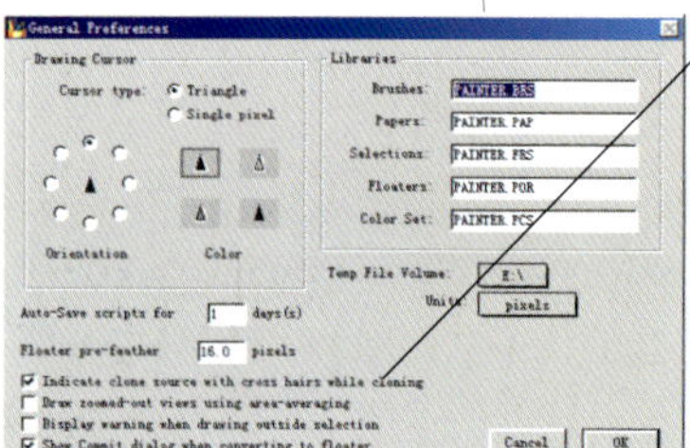

● 一般参数项

(1) Drawing Cursor(设定鼠标指针)

(2) Triangle(三角标) 可设定三角标的方向。

(3) Single Pixel(设定光标为单像素)

(4)悬浮层羽化像素设定

(5)选项缺省设定

(6)临时硬盘设定

(7)单位设定

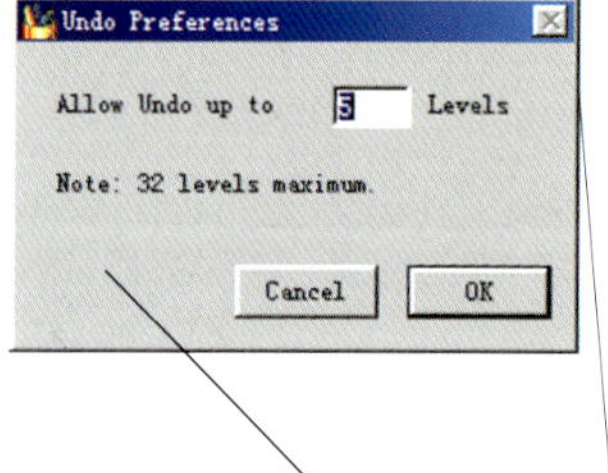

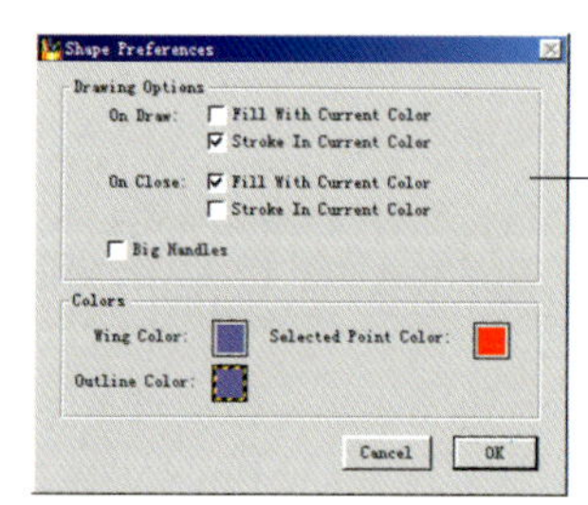

● 图形预置控制面板

(1) Drawing Options (绘画选项)

(2) On Drawing (绘画时)

(3) On Close (封闭图形时)

两个选项分别是:

(1) Fill with Current Color(以当前色填充)

(2) Stroke in Current Color(线条用当前色)

● Color(色彩)

Wing Color(选择翼的颜色)

Selected Point color(选择点的颜色)

Outline Color(外轮廓的颜色)

● 在Edit(编辑)中的Preferences(预设)下的undo(不做)中可设定恢复操作步骤的次数，最多可恢复到前32步操作状态。

● Undo(不做) 可取消上一次操作命令，一般设定为5次，因为恢复步骤次数越多，所占内存空间也越大。

Redo(重做) 可恢复前次所取消的操作命令。

● Fade(淡化) 每画完一笔之后使用Fade命令，拖动滑杆可调整色彩明度。

● Cut（切割） 切割选择区域与Clear（清除）所选择区域命令不同，切割的图像可以粘贴到原图中，也可粘贴到另一文件中（但必须先选中该文件）。

● Copy（拷贝） 所选区域的内容仍保留，可将拷贝图像粘贴到原图中，也可粘贴到另一文件中。

● Clear（清除） 清除所选择区域。

Paste（粘贴） 将Cut（切割）或Copy（拷贝）的图像贴入所选文件。粘贴的图像悬浮于底层图之上。●

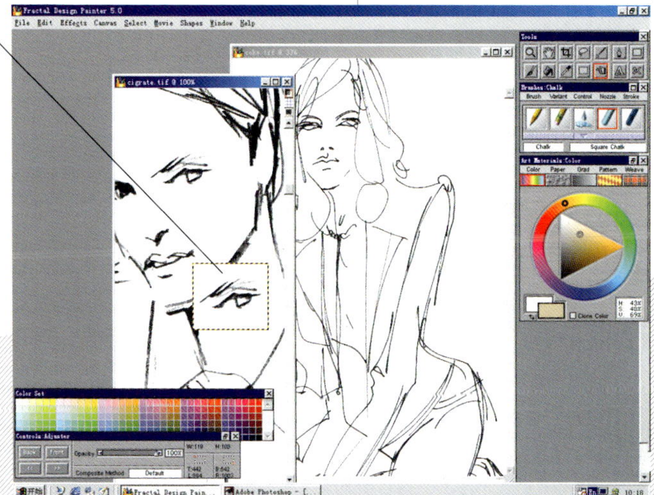

● Paste into New Image（粘贴为一张新图） 执行Cut（切割）或Copy（拷贝）后，再操作该命令可自动生成一幅新图。试试看。

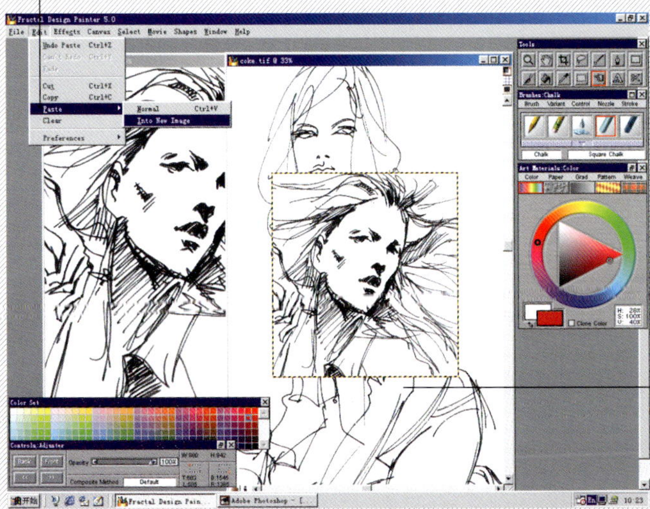

● Copy（拷贝）《头发飞舞》一图中的选择区域，然后将其粘贴到另一幅图中。

4 菜单栏选项—— Effects(效果)菜单之一

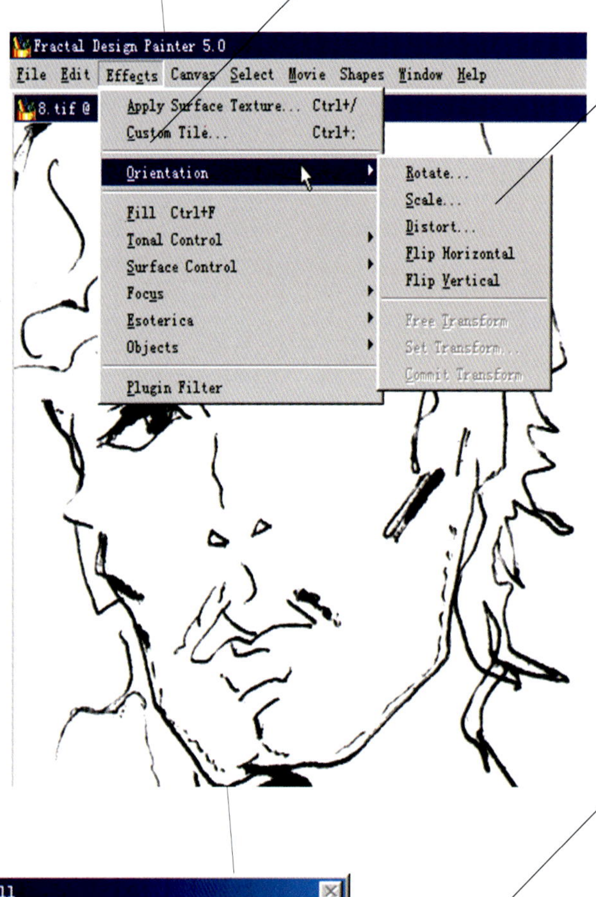

- 用户可以将效果功能应用到一个选区或者浮动区或者整个图像区。效果功能菜单中最上面的两项为最后使用过的两次命令，点取可再次操作。
- Orientation(方向) 点击一至五项后，选区会自动转变为图像浮动区，再进行相关操作。
  （1）Rotate(旋转) 拖动把手自由转动浮动区，也可以在对话框中设定转动角度的数值。
  （2）Scale(缩放) 拖动把手自由缩放浮动区，也可以在对话框中设定缩放的百分比：Horizontal Scale（水平百分比）、Vertical Scale（垂直百分比），还可以选择保持长宽比例（Constrain AspectRatio）和固定缩放的中心位置（Preserve Center）。
  （3）Distort(扭曲) 移动把手自由扭曲浮动区，对话框中选择变形方法：较好（Better）或慢速（Slow）。
  （4）Flip Horizontal（水平翻转）
  （5）Flip Vertical（垂直翻转）
  （6）Free Transform（自由变形） 需要先创建图像浮动区，再拖动把手自由缩放。按住Shift键拖角上的把手可按比例缩放。
  （7）Set Transform（变形设定）
  Scaling（比率）分为Horizontal（水平比率）与Vertical（垂直比率），Constrain Aspect Ratio（是否保持长宽比例），Rotation（旋转）分为Rotation（旋转）与Slant（倾斜度），Quality（质量）分为Fast（快速变形）与Clean（精确变形），Retain Alpha（是否保留Alpha通道）。
  （8）Commit Transform（恢复图像浮动区） 在完成变形后取此项命令。

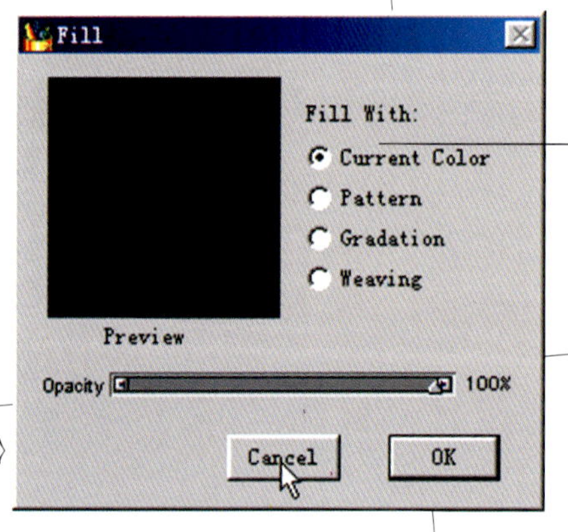

- Fill（填充）分四种填充方式：
  （1）Current Color（当前主要色）
  （2）Pattern（连续纹样） 如果有复制原图，此选项则会改变成Clone Source（复制原图）。
  （3）Gradation（渐变）
  （4）Weaving（纺织纹样）
  Opacity（不透明度）

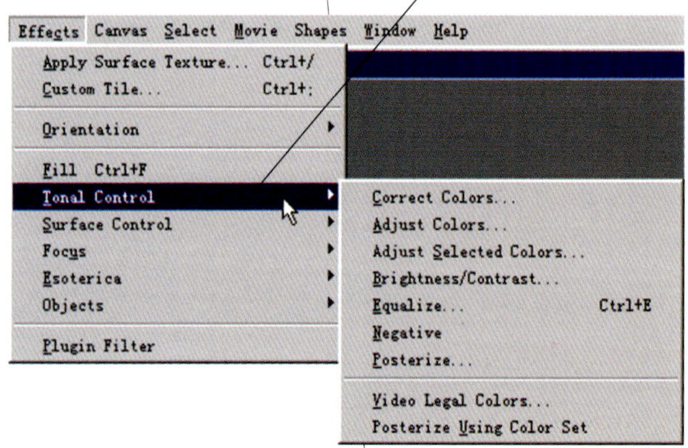

- Tonal Control（色调控制）：
  （1）Correct Colors（纠正颜色）、Contrast and Brightness（明度与对比）。
  Curve（曲线） 通过拖曳曲线上的一个中心色控制点来调整颜色。
  Freehand（手绘） 通过手画曲线来调整颜色。
  Advanced（高级） 通过对Red（红）、Green（绿）、Blue（蓝）的不同明度区域：Highlight（高光）、1/4、Midtong（中间调）、3/4、shadow（阴影）等选择项输入数值来调整颜色。
  （2）Adjust Colors(调整颜色) 点击Using（运用）菜单出现四种方式：Uniform Color（同一色彩）、Paper（画纸肌理）、ImageLuminance（图像亮度）、Original（原有亮度）。
  HueShift（色相）、Saturation（纯度）和Value（明度）。
  Reset(重新设定)。
  （3）Adjust Selected Colors（调整选中的颜色）：
  H Extents（色相范围）、S Extents（纯度范围）和V Extents（明度范围）。
  用以调整色块边缘的晕化程度的H Feather（色相羽化）、S Feather（纯度羽化）、V Feather（明度羽化）。
  Hue Shift（色相）、Saturation（纯度）和Value（明度）。
  （4）Brightness/Contrast（调整亮度和反差）
  （5）Equalize（色调平均化） 拖动Black and white points（黑白点）以调整画面的色调，Brightness（亮度）的调整。
  （6）Negative（负片效果）
  （7）Posterize（色调分离） 减少色彩的层次，数值在3～5之间效果比较理想，数值越大就越接近原图。

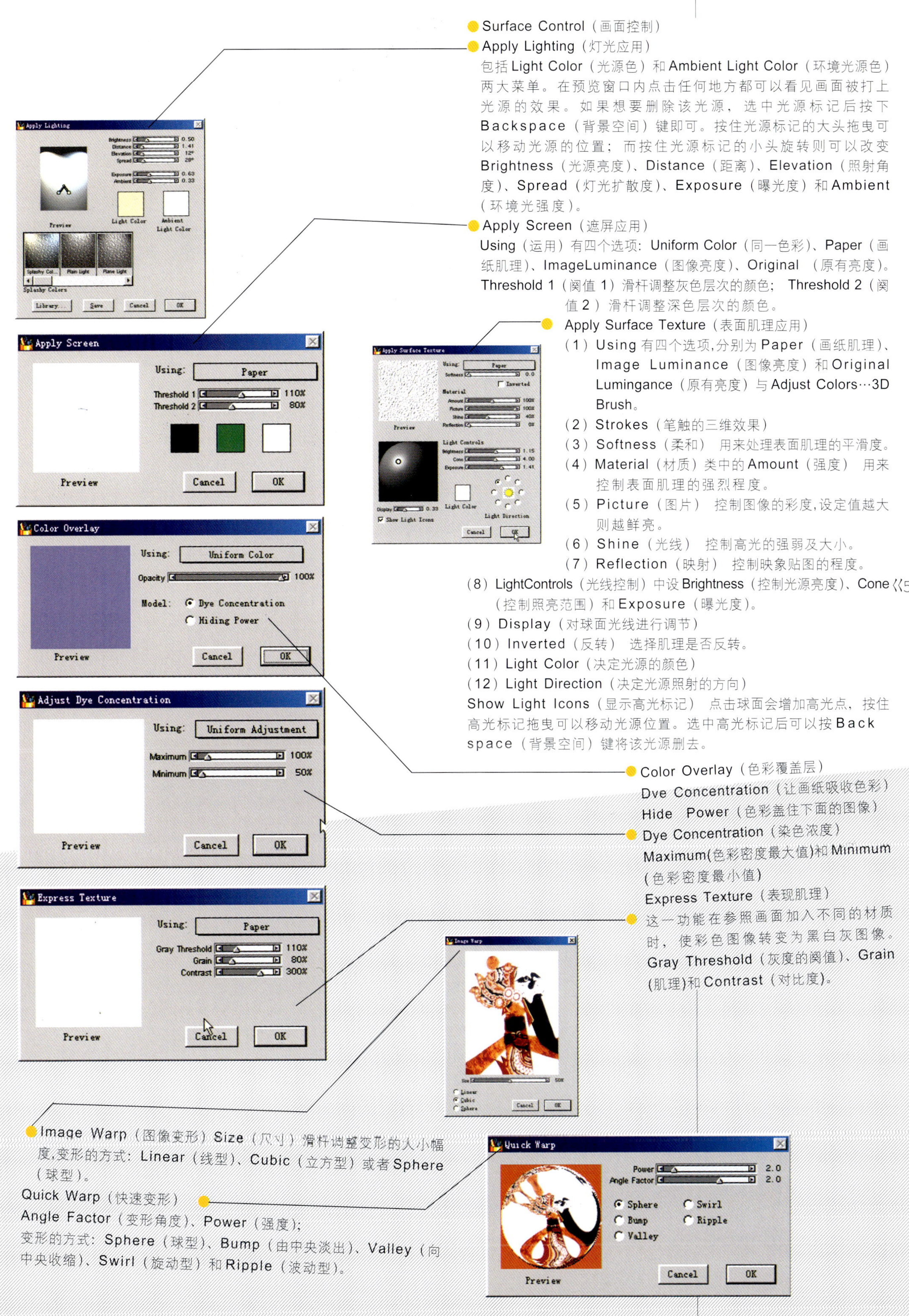

● Surface Control（画面控制）

● Apply Lighting（灯光应用）

包括Light Color（光源色）和Ambient Light Color（环境光源色）两大菜单。在预览窗口内点击任何地方都可以看见画面被打上光源的效果。如果想要删除该光源，选中光源标记后按下Backspace（背景空间）键即可。按住光源标记的大头拖曳可以移动光源的位置；而按住光源标记的小头旋转则可以改变Brightness（光源亮度）、Distance（距离）、Elevation（照射角度）、Spread（灯光扩散度）、Exposure（曝光度）和Ambient（环境光强度）。

● Apply Screen（遮屏应用）

Using（运用）有四个选项：Uniform Color（同一色彩）、Paper（画纸肌理）、ImageLuminance（图像亮度）、Original （原有亮度）。Threshold 1（阈值 1）滑杆调整灰色层次的颜色； Threshold 2（阈值 2）滑杆调整深色层次的颜色。

● Apply Surface Texture（表面肌理应用）

（1）Using 有四个选项,分别为 Paper（画纸肌理）、Image Luminance（图像亮度）和Original Lumingance（原有亮度）与Adjust Colors…3D Brush。

（2）Strokes（笔触的三维效果）

（3）Softness（柔和） 用来处理表面肌理的平滑度。

（4）Material（材质）类中的Amount（强度） 用来控制表面肌理的强烈程度。

（5）Picture（图片） 控制图像的彩度,设定值越大则越鲜亮。

（6）Shine（光线） 控制高光的强弱及大小。

（7）Reflection（映射） 控制映象贴图的程度。

（8）LightControls（光线控制）中设Brightness（控制光源亮度）、Cone（控制照亮范围）和Exposure（曝光度）。

（9）Display（对球面光线进行调节）

（10）Inverted（反转） 选择肌理是否反转。

（11）Light Color（决定光源的颜色）

（12）Light Direction（决定光源照射的方向）

Show Light Icons（显示高光标记） 点击球面会增加高光点，按住高光标记拖曳可以移动光源位置。选中高光标记后可以按Back space（背景空间）键将该光源删去。

● Color Overlay（色彩覆盖层）

Dye Concentration（让画纸吸收色彩）

Hide Power（色彩盖住下面的图像）

● Dye Concentration（染色浓度）

Maximum(色彩密度最大值)和Minimum（色彩密度最小值）

Express Texture（表现肌理）

● 这一功能在参照画面加入不同的材质时，使彩色图像转变为黑白灰图像。Gray Threshold（灰度的阈值）、Grain（肌理)和Contrast（对比度）。

● Image Warp（图像变形）Size（尺寸）滑杆调整变形的大小幅度,变形的方式：Linear（线型）、Cubic（立方型）或者Sphere（球型）。

Quick Warp（快速变形） ●

Angle Factor（变形角度）、Power（强度）；

变形的方式：Sphere（球型）、Bump（由中央淡出）、Valley（向中央收缩）、Swirl（旋动型）和Ripple（波动型）。

菜单栏选项—— Effects(效果)菜单之二

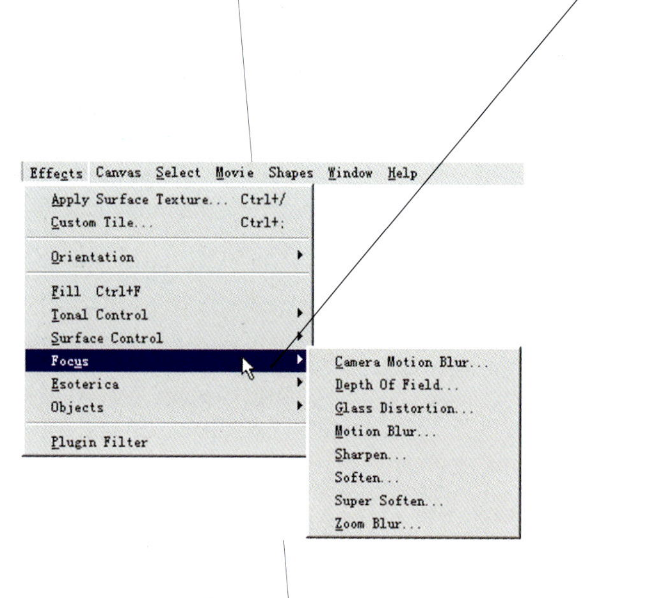

Focus（聚焦）命令的设计来源于照相技术的相同原理，其中有八项命令：

（1）Camera Motion Blur（照相机晃动模糊） 将光标在图像窗口内拖曳，可以改变模糊的方向与强度。
Bias(偏移度)

（2）Depth of Field（景深模糊）
Max Size（最大尺寸）与Mim Size（最小尺寸）。

（3）Glass Distortion（玻璃纸状扭曲）
Using中有三项命令：Paper（画纸肌理）、3D Brush Strokes（画笔的三维笔触）、Image Luminance（图像亮度）或者Original Luminance（原有亮度）；
Softness(柔和度)与Amount（变形强度）；
Variance（变化的多样性)和Direction（方向）；
Map（贴图方式）及Refraction（以光学透镜方式置入像素点）；
VectorDisplacement（方向性移置)和Angle Displacement(朝各方向移置）；
Quality（变形质量）：Fast(快速)和Good（精细）。

（4）Motion Blur（移动模糊）

（5）Sharpen（锐化）此项命令增强图像的反差。

（6）Soften（柔化）

（7）Super Soften（超级柔化）

（8）Zoom Blur（变焦镜头模糊）在画面中拖动鼠标决定变焦镜头模糊的中心点以及方向，Amount（强度）滑杆决定模糊的程度。

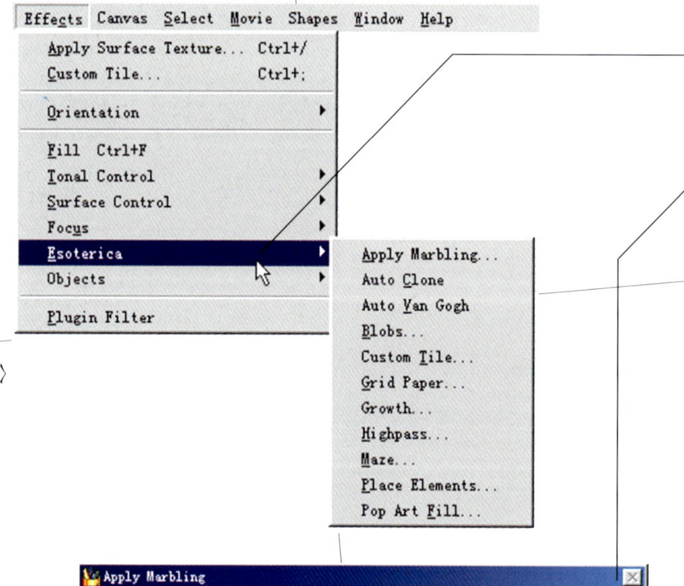

Esoterica（专业级效果）

Apply Marbling(大理石纹应用)
Spacing（耙齿之间的距离),Offset（耙齿与划行方向之间的垂直位置)、Waviness(波浪高度)、Wavelength(波浪长)、Phase(图像中波纹周期的起始位置)、Pull(图像变形幅度)、Quality(波纹的柔和度和流动性)；
Direction（方向)、Reset（重新设定)；
Load(装载)按钮可以打开Marble Recipe（大理石纹样）对话框,Painter已经储存着八种方法供用户使用。

Blobs（圆点画法）
Paste Buffer(粘贴的图像）
Current Color(当前的主要颜色)或者Pattern（图案纹样）；
Seed（安排）栏内的数字表明粘图的排列方式与形状，是一种随机的方式。

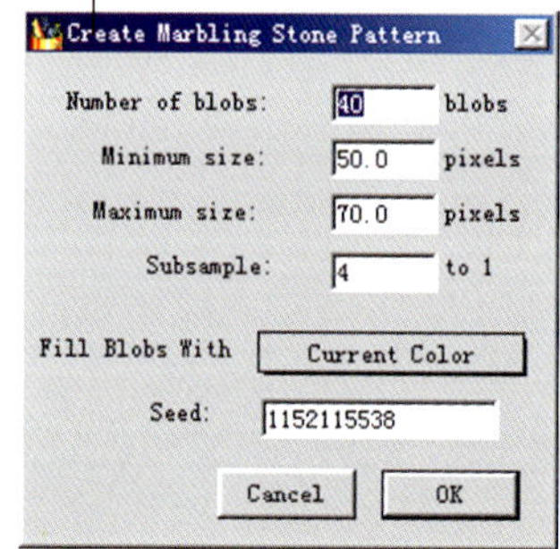

● Auto Clone（自动复制）

打开复制原图与复制终点图，选择画笔工具。在美术材料面板的色彩次面板上选定Clone Color（复制色彩），否则以当前的主要色彩来绘画。点击色彩次面板右上角的扩展按钮，将调整Color Variability（色彩可变性控制）H（色相）、S(纯度）、V(明度）三个滑杆点取本项Auto Clone（自动复制）命令，开始自动复制，在图像内点击任何一点来结束本次操作，否则会一直复制下去。

● Auto Van Gogh（自动凡高画法）

此项命令与Artists（艺术家画笔）中的 AutoVan Gogh 变体配合使用。操作的步骤与Auto Clone 相仿。

● Grid Paper（格栅纸）

● Custom Tile(定制拼嵌图)

Using 有九个选项：Brick（砖形）；Hex（蜂巢形）；Square（正方形）；Triangle（三角形）；Cross（十字形）；12-6-4 拼图形、12-6-4V2 拼图形；Original Luminance（以来源物的亮度值为依据）；画纸肌理（Paper）；Blur Radius（模糊的范围）；Blur Passes（模糊的程度）；Use Grout（使用嵌缝线），可以挑选嵌缝线的颜色并在滑杆上控制嵌缝线的粗细。

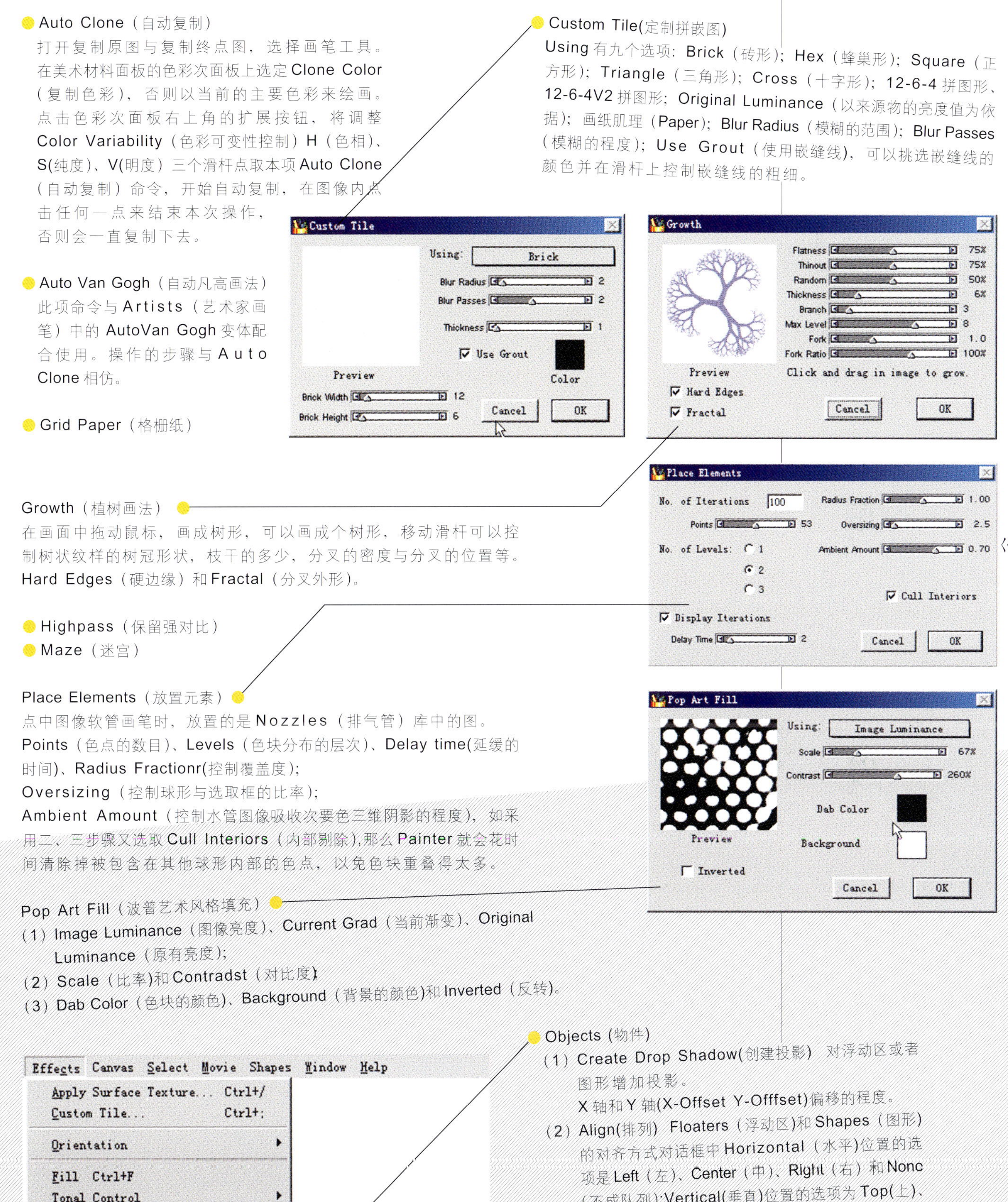

Growth（植树画法）●

在画面中拖动鼠标，画成树形，可以画成个树形，移动滑杆可以控制树状纹样的树冠形状，枝干的多少，分叉的密度与分叉的位置等。Hard Edges（硬边缘）和 Fractal（分叉外形）。

● Highpass（保留强对比）

● Maze（迷宫）

Place Elements（放置元素）●

点中图像软管画笔时，放置的是Nozzles（排气管）库中的图。Points（色点的数目）、Levels（色块分布的层次）、Delay time(延缓的时间)、Radius Fractionr(控制覆盖度)；Oversizing（控制球形与选取框的比率）；Ambient Amount（控制水管图像吸收次要色三维阴影的程度），如采用二、三步骤又选取 Cull Interiors（内部剔除），那么 Painter 就会花时间清除掉被包含在其他球形内部的色点，以免色块重叠得太多。

Pop Art Fill（波普艺术风格填充）●

（1）Image Luminance（图像亮度）、Current Grad（当前渐变）、Original Luminance（原有亮度）；

（2）Scale（比率)和 Contradst（对比度）；

（3）Dab Color（色块的颜色）、Background（背景的颜色)和 Inverted（反转）。

● Objects（物件）

（1）Create Drop Shadow(创建投影） 对浮动区或者图形增加投影。X 轴和 Y 轴(X-Offset Y-Offfset)偏移的程度。

（2）Align(排列） Floaters（浮动区)和 Shapes（图形）的对齐方式对话框中 Horizontal（水平)位置的选项是 Left（左）、Center（中）、Right（右）和 None（不成队列）;Vertical(垂直)位置的选项为 Top(上)、Middle（中）、Bottom（下）和 None（不成队列）。

5 菜单栏选项—— Canvas(画布)菜单

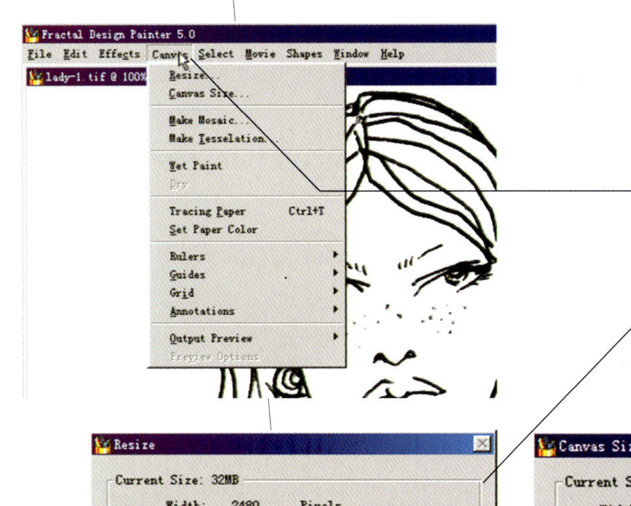

● Canvas（画布）菜单

● Resize（重定图像尺寸）

Current Size（图像的当前尺寸）

New Size（图像的新尺寸） 输入Width（宽）、Height（高）与Resolution（分辨率）选项的数值。

Constrain File Size（限制文件的大小）

Resize
Current Size: 32MB
Width: 2480 Pixels
Height: 3307 Pixels
Resolution: 300.0 Pixels per Inch
New Size: 32MB
Width: 2480 pixels
Height: 3307 pixels
Resolution: 300.0 pixels per inch
Constrain File Size
Cancel OK

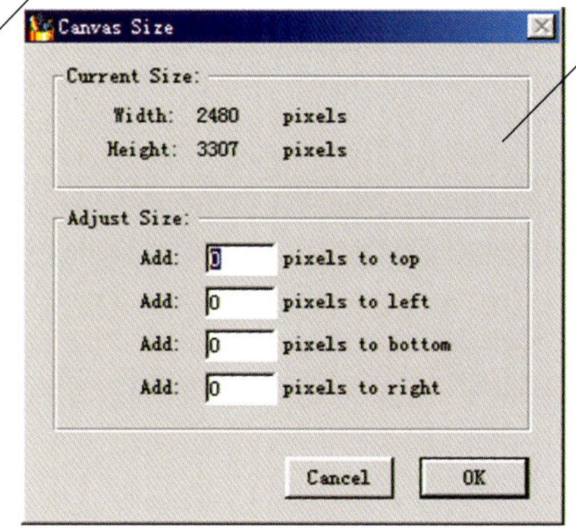

● Canvas Size（画布尺寸）

Adjust Size（调整画布尺寸） 在原画布的top（上）、left（左）、bottom（下）和right（右）四边增加像素点数。

● Rulers（标尺）

点击此项打开三项命令：

（1）Show/Hide Rulers（显示/隐藏标尺）

（2）Snap to Ruler Ticks（按记号点捕捉）

（3）Ruler Options（标尺设定） 标尺原点位于左上角，按住水平标尺和垂直标尺相交处的方框向右下方拖曳到理想位置放开，此时文件会重新设置以此点为原点。双击水平和垂直标尺相交处的方框，则能恢复到原来的左上角位置上。

● Guides（导引线） 导引在水平和垂直标尺上点击，便会出现导引线，按住导引线上的三角形可以拖动它。

在图形或浮动区对位上很有用。

（1）Show/Hide Guides（显示/隐藏导引线）

（2）Snap to Guides（按导引线捕捉）

● Grid（格栅）

（1）Show/Hide Gird（显示或者隐藏格栅层）

（2）Snap to Grid（按格栅捕捉）

（3）Grid Options（格栅设定）

● Annotations（颜色名称标准）

这几项我们就不多讲了，对时装画及创作暂时还用不上。

● Make Mosaic（创建马赛克）

● Make Tessellation（创建镶嵌图） 我们在运用水彩时会接触这一命令。

● Wet Paint（湿画法） 选取工具和颜色吸管不能在湿图层上工作。

● Dry（干燥） 与画布合并，使湿画纸变干。

● Tracing Paper（描图纸）

● Set Paper Color（设定画纸颜色） 当创建新文件时已经设定过画纸颜色，也可以在绘画过程中改变画纸颜色，当用户用橡皮擦掉或者用Clear命令清除掉一部分图像之后，便会露出新换上的画纸颜色，在当前色画框中，选中所需画布的颜色。

● Output Preview（输出色彩预览）

● Preview Options（输出色彩预览设定）

菜单栏选项—— Select（选择）菜单

Auto Select
Using: Image Luminance
Invert
Cancel OK

- Select（选择）菜单
  （1）All（全部选取）
  （2）None（取消选取）
  （3）Invert（反转选取）
  （4）Reselect（重新选取）
  （5)Float（转换为浮动区）将所选择的区域转变为浮动区。
  （6）Stroke Selection（笔触选取）
  （7）Feather（羽化选取框）
  （8）Modify（修改选取框）
  Widen（扩展选取框）、Contract（收缩选取框）、Smooth（平滑选取框）、Border（双边框选取）。 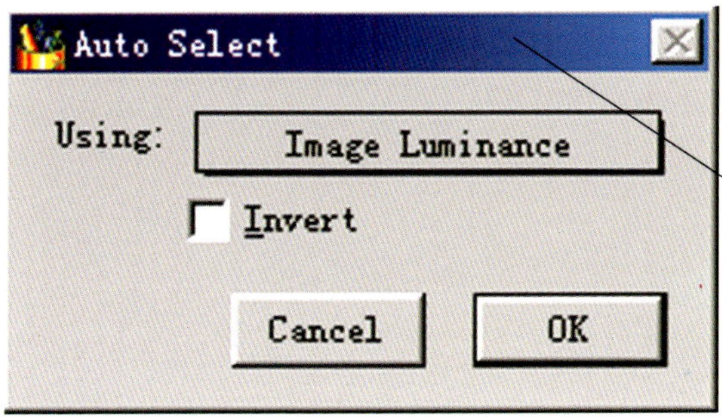
- Auto Select（自动选取）
  Paper（画纸肌理）、3D Brush Strokes（三维画笔笔触）、Original Selection（原有选区，指从复制原图输入的选区，为达到最佳效果，原图的尺寸最好与当前文件尺寸一致）、Image Luminance（图像亮度）、Original Luminance（原有亮度）、Current Color（当前主要色）。
  Invert（反转选取）
- Color Select（色彩选取）

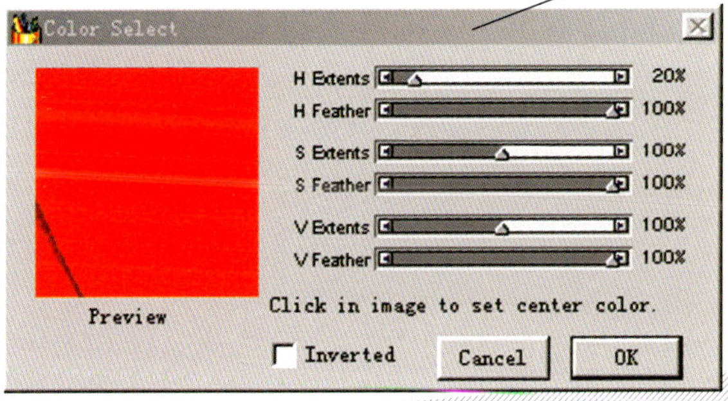

Color Select
H Extents 20%
H Feather 100%
S Extents 100%
S Feather 100%
V Extents 100%
V Feather 100%
Preview
Click in image to set center color.
Inverted Cancel OK

- Convert to Shape（转换为图形）
- Transform Selection（选区转换）
- Selection Portfolio（选区文件夹）
  可拖动选区到所创作的作品中，用选区调整工具调节大小。可将自己的选区拖入测试选区库保存以便以后应用。

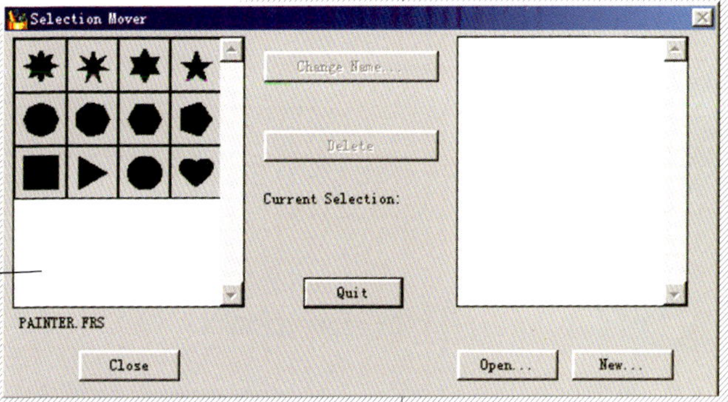

Selection Mover
Change Name...
Delete
Current Selection:
Quit
PAINTER. FRS
Close Open... New...

- Selection Mover(选区移动器）
  Delete(删除）、Quit(退出)。

- Show/Hide Marquee（显示/隐藏选区范围线——蚂蚁线） 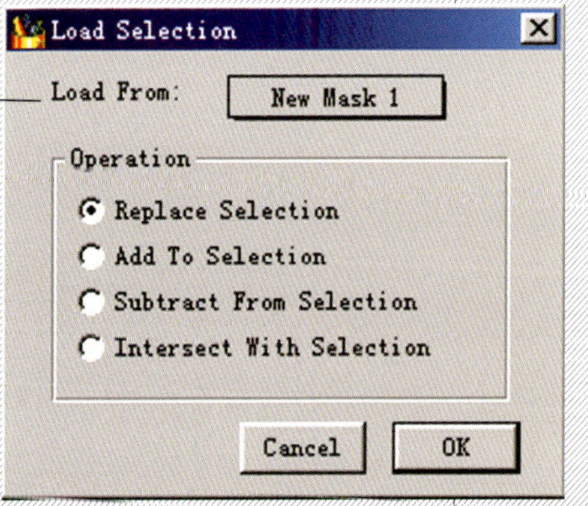
- Load Selection（从蒙版装载选区）与 mask（蒙版）下的 loou Selecifm 为同一个命令。
  （1）Replace Selection（代替当前选区）
  （2）Add To Selection（保留当前选区并增加新选区）
  （3）Subtract From Selection（从当前选区中减去新选区）
  （4）Intersect With Selection（保留当前选区与新选区的交叉部分）
- Save Selection（以蒙版形式储存当前选区）
- Object: Mask List（将当前选区以蒙版形式储存在物件面板的蒙版目录中）

Load Selection
Load From: New Mask 1
Operation
Replace Selection
Add To Selection
Subtract From Selection
Intersect With Selection
Cancel OK

7 菜单栏选项—— Shapes（图形）菜单

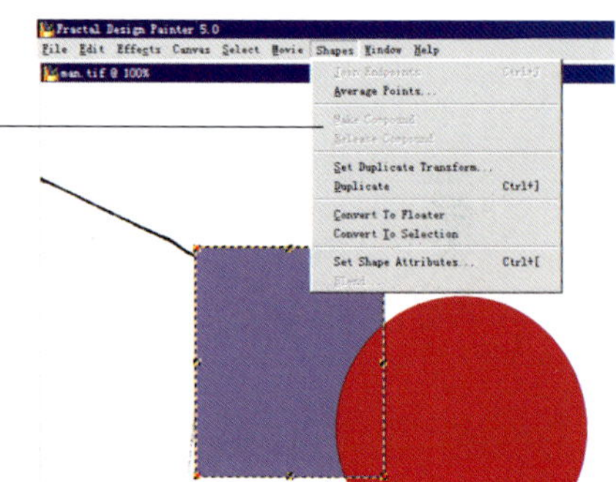

Shapes（图形）菜单

Join Endpoints（联结端点） 此项命令可以对同一Shape（图形）的两个端点或者不同Shape（图形）的两个端点进行联结。用图形调整工具先点击要联结的第一个端点，然后按住Shift键点击第二个端点，执行该命令。

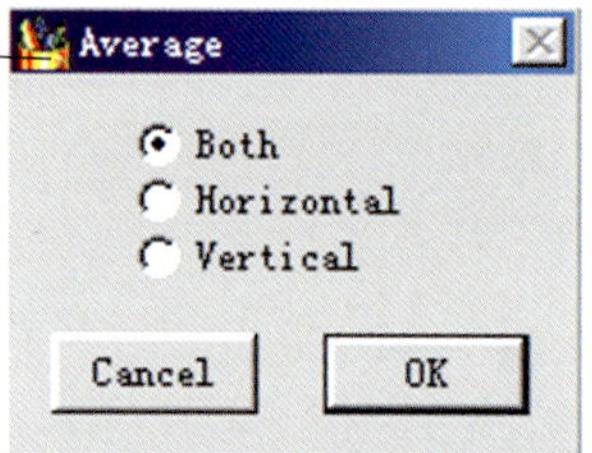

Average points（平衡控制点）

（1）Horizontal（控制点水平排列）；

（2）Vertical（控制点垂直排列）；

（3）选中Both，控制点会挤在一个位置上。

Make Compound（创建复合图形） 当两个图形相交或重叠时可以执行此项命令创建一个复合图形，可用Floater Adjusten（浮动层调节）直接在图中选择，也可在Object（物件）面板的Floater List（浮动层目录）上选择需要复合的图层，选取第二个图形时需要按住Shift键。

Release Compound（拆开复合图形） 此项命令拆开复合图形，恢复成未复合前的模样。

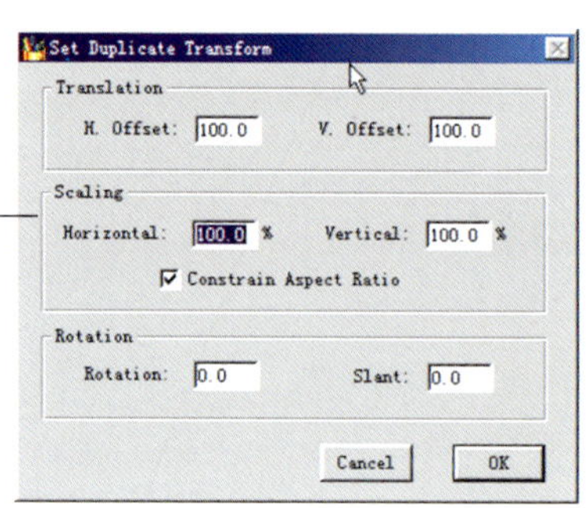

Set Duplicate Transform（复制图形变形设定）

（1）Translation（转化）包括H.Offset（水平偏移度）和V.Offset（垂直偏移度）。

（2）Scaling（调节）包括Horizontal（水平比率）、Vertical（垂直比率）和Constrain Aspect Ratio（保持原有长宽比例的选项）。

（3）Rotation（旋转角度） 逆时针为正值。

（4）Slant（倾斜度） 正值向右斜，负值向左斜。

Duplicate（复制图形） 复制当前被选中的图形。如果要使复制出来的图形与原图形有所改变，请在Set Duplicate Transform对话框中设定。

Convert To Floater（将矩形与椭圆形图形转换成浮动区）

Convert To Selecion（将图形转换成选区）

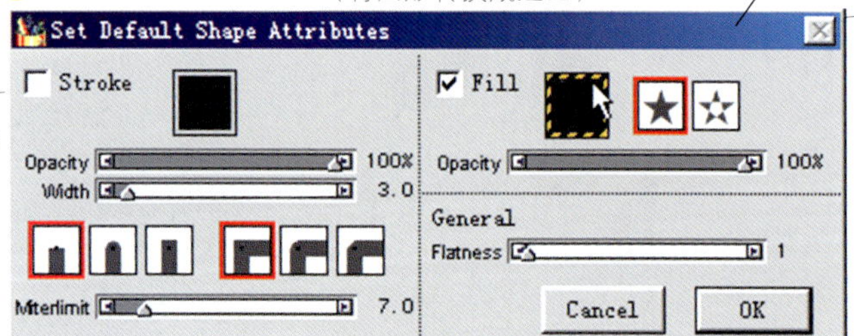

Set Shape Attributes（图形属性设定）

使图形有Stroke（线框），双击色样可以在选色板上选定笔触的颜色。Opacity滑杆控制笔触的不透明度，Width调节笔触宽度。左面三个方框表示Line Cap（线条端点）的形状，右面三个方框表示Line Join（线条交汇点）的形状，还设有Miterlimit（圆滑度）、Name（名字）和Fill（颜色填充图形）。双击色样可以在选色板上选定填充的颜色。General（一般情况）可设定弧形的准确度，数值越小弧形越准确。

如果用户打算这次的设定在以后继续使用，请点取Set New Shape Attributes（设定新图形属性）按钮，注中Edit>Preference>Shapes的设定有矛盾时，应当以Edit菜单命令中的设定为准。也可以直接在Object Palette（物件面板）的Floater List（浮动区目录）注中双击图形名称或者选中图形后按回车键来打开。

Blend（逐渐融合） 是在两个或多个图形之间创建过渡图形的功能。

Number of Steps（步骤数） 用来控制过渡图形的个数；

Ramp（斜面）内的Type（类型） 用来选择斜面宽窄的形式；

Color Space（色彩空间） 控制色彩融合的方式：RGB模式、Hue CW（色环上顺时针方式）、Hue CCW（色环上逆时针方式）；

Perspective Factor（分布比率） 如果被过渡的图形各自含有不同的控制点，则必须激活Arc Length Matching（弧形长度比较）选项；如果过渡图像的方向以始末的图像的方向为基础，则必须激活Align Shape Start Point（联合图形起始点）选项。

能判断出是用何种方式创建的图形吗？

a.

Shape（图形）是在画布上浮动的向量图形。

有三种办法创建图形：用工具面板上的图形设计工具（图形笔工具、快速曲线工具）、图形物件工具（矩形图形物件工具、椭圆形物件工具）和文字工具。

b.

Select（选择）下的 Convert to Shape（转化成图形）命令将以路径为基础的选区转换为图形，如果是以蒙版为基础的选区，事先要使用 Select（选择）下的 Transform Selection（输出选项）命令将它转换成以路径为基础的选区。

从剪贴板上贴入。

通过 File（文件）下的 Acquire（获取）菜单命令从 Adobe Illustrator 文件中获得。

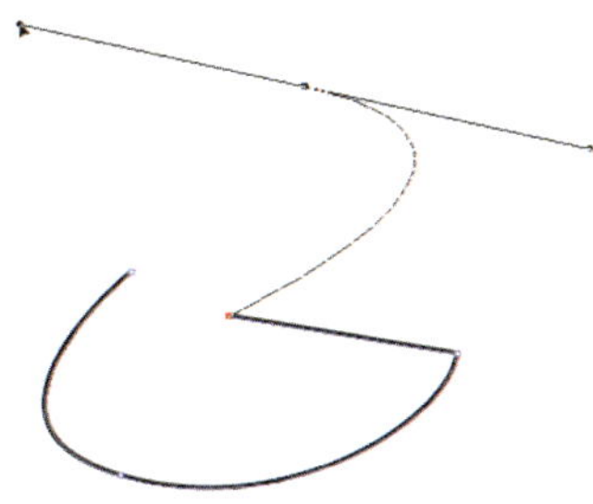

图形的路径，无论是直线路径、Bezier（贝氏）曲线路径还是自由路径，都是由 Line Segment（线段）将 Anchor Points（控制点）联结而成。当路径是曲线时，从控制点伸展出去的 Wing（方向线）与曲线相切，方向线的末端有 Control handles（控制把手），用户拖曳把手可以改变曲线线段的弧度。开放的图形有 Endpoint（端点），封闭的图形没有端点。控制点分两种，即 Smooth Point（平滑控制点）与 Corner Point（角落控制点），平滑控制点让用户拖曳把手向控制点的两边调整线段，而角落控制点只限于向控制点的有把手的一边调整线段。

Tools Palette(工具面板)

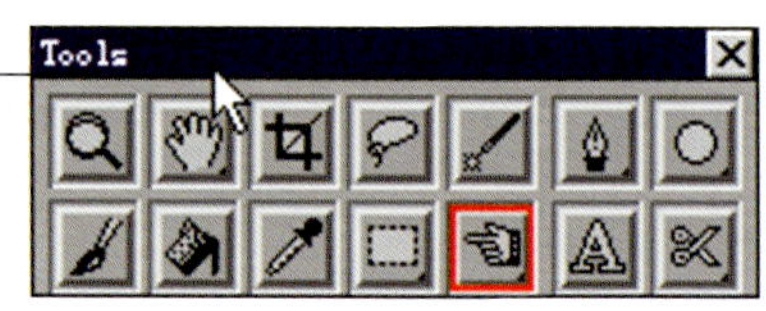

Tools Palette（工具面板）
注：选择工具后在面板上出现该工具的参数，控制面板是变化的。

Magnifier（缩放工具） 点击画面放大图像按Ctrl和+键放大画面，按Ctrl和–键缩小画面。Ctrl+Alt键缩小画面。

Brush（画笔工具）主控制面板上有三道控制滑杆：Size（画笔尺寸）、Opacity（笔触不透明度）、Grain（笔触与画纸肌理相互作用的程度）。选择徒手画（Freehand），按V选择画直线。

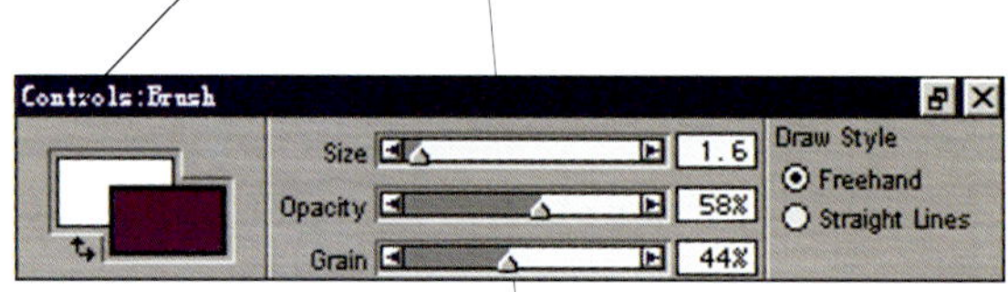

Grabber（手形工具）
可移动图像，当选用其他工具时可以按空格键暂时切换成手形工具。双击手形工具可以调节视窗的大小。
Rotate Page（画面旋转工具） 按住手形工具按钮会切换画面旋转工具，按住shift键旋转按90°增减，双击此按钮画面恢复原样。

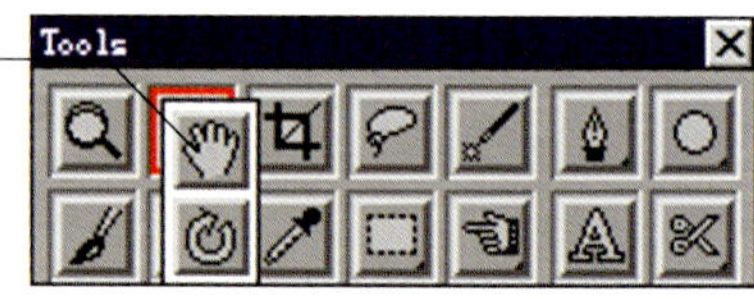

Paint Bucket（油漆桶工具） 此工具用来填充某个区域的Tolerance（宽容度）和Feather（边缘羽化的程度），主控制板右面可以选择What to Fill（填充的方式）和Fill With（填入材质），当前填充物的样子显示当前主要色、当前连续纹样、当前渐变与当前纺织纹样。

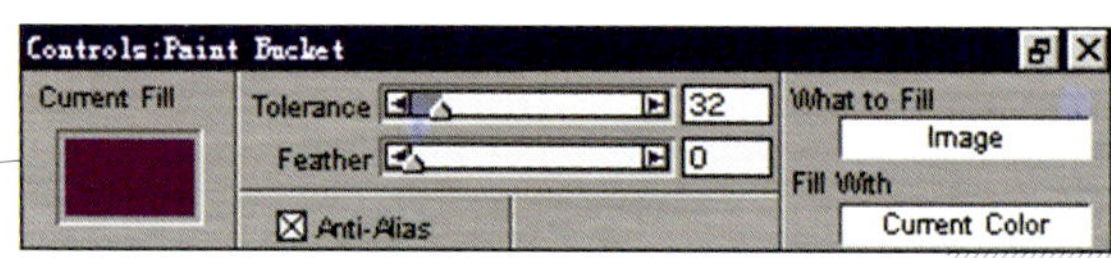

Crop（剪切工具） 按需要及合适的尺寸切割画面的构图。

Dropper（选色吸管工具） 图像上吸取颜色供别处使用，按键可减少选区，按键可增加选区，并画出选择区域，同时以前选区失效。

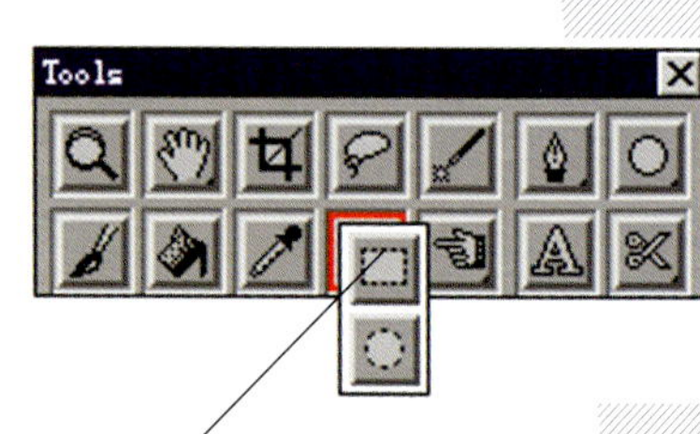

Lasso（套索工具）

Selection（选取工具）
单击并按住选取工具按钮可以打开隐藏的Oval（椭圆形的选区工具）；按住Shift键，创建的选区为正方形或正圆形，如果已有当前选区了，按住Shift键的作用是增加选区。

Magic Wand（魔术棒工具） 选取颜色相同或者相似的区域。Tolerance（宽容度）、Feather（羽化）、Anti-Alias（防锯齿边缘）。

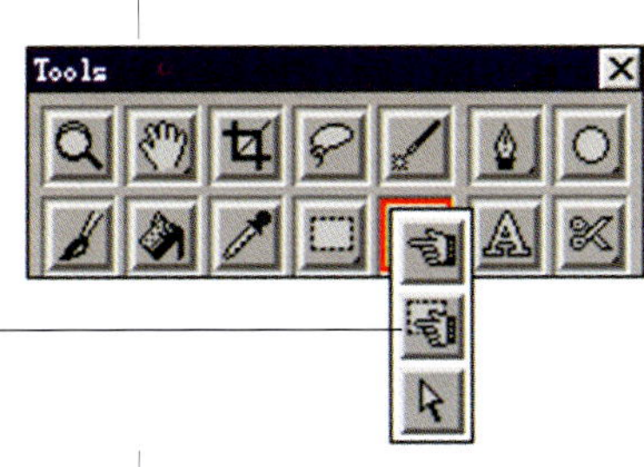

● Adjuster（调整工具）

按住此项按钮可以打开三种调整工具按钮供用户选择。Adjuster（浮动区调整工具）、Selection Adjuster（选区调整工具）用来调整选区的大小，按住Alt键拖曳可以复制选区。最下面的按钮是Shape Selection（图形选区工具），可以选中图形并对各个节点加以调整。

如何选中浮动区呢？在Object（物件面板）上点取Floater List（浮动区菜单）中该浮动区的名称；按住Alt键拖曳可以复制浮动区的图像。

● Painter的Composite Method（色彩合成方式）

（1）Default（缺省） 浮动区图像将复加一层罩色。

（2）Gel（凝胶方式） 浮动区颜色给下层图像复加一层罩面。

（3）Colproze（彩色化方式） 用浮动区的颜色的色相和纯度来代替下层图像。

（4）Peverse-Out（反转方式）

（5）Shadow Map（阴影贴图方式）

（6）Magic Combine（魔术结合方式）

（7）Psoudocolor（虚拟色彩方式）

（8）Normal（普通方式）

（9）Dissolve（溶解方式）

（10）Multiply（叠加方式）

（11）Screen（遮屏方式）

（12）Overlay（重叠方式）

（13）Soft Light（柔光方式）

（14）Hard Light（硬光方式）

（15）Darken（加深方式）

（16）Lighten（减淡方式）

（17）Difference（差数方式）

（18）Hue（色相方式）

（19）Saturation（纯度方式）

（20）Color（色相与纯度方式）

（21）Luminosity（明度方式）

● Shape Design（图形设计工具）

按住显示的工具按钮，显示两个图形设计工具供用户选用：即Pen（图形笔工具），用来绘制直线路径或者贝氏曲线路径；Quick Curve（快速曲线工具），用来绘制自由路径线条。可以在主控制面板上点击Close（关闭）按钮来关闭一个图形，或者点击Make Selection（转换成选区）按钮来将画出来的Shape（图形）转变成Selection（选区）。

双击图形笔工具或者快速曲线工具，可以打开物件面板下的浮动菜单（Object: Floater List）。

● Text（文字工具）

在控制面板选择Font（字体）的Point Size（尺寸）和字母字间的Tracking（距离），添加的每个字母都会创造一个Shape（图形），以文字作为选区，请将Object: Floater List（物件面板下的浮动菜单）上所需要的图形全部选中，然后选择菜单命令。字母以Shape（图形）方式出现。

● Shape Objects（图形物件工具）

用来创建Shape（图形）。按住显示的工具按钮，即矩形与椭圆形物件工具，按住Shift键可以创建方形或正圆形。

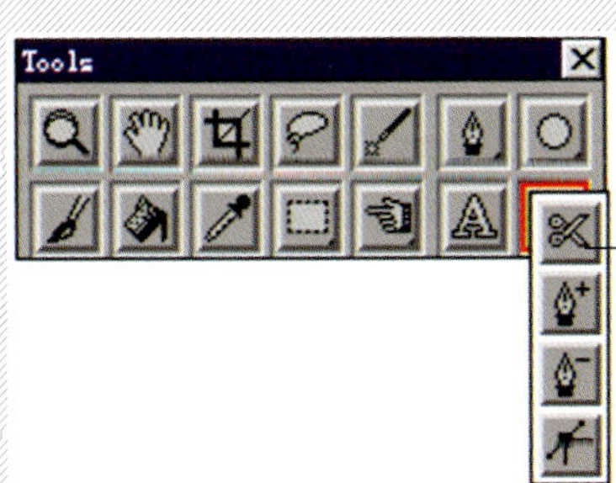

● Shape Edit（图形编辑工具）

Scissors（剪刀工具） 其作用是将向量线段剪开，使之成为开放的路径。

Add Point（增加控制点工具）、Remove Point（删除控制点工具）、Convert Point（转换控制点工具）。

● Movie（动画菜单）此书中就不讲述了。

Brushes Palette（笔刷面板）之一

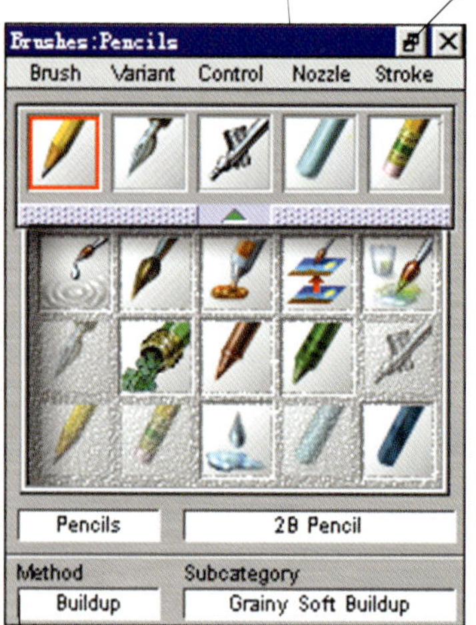

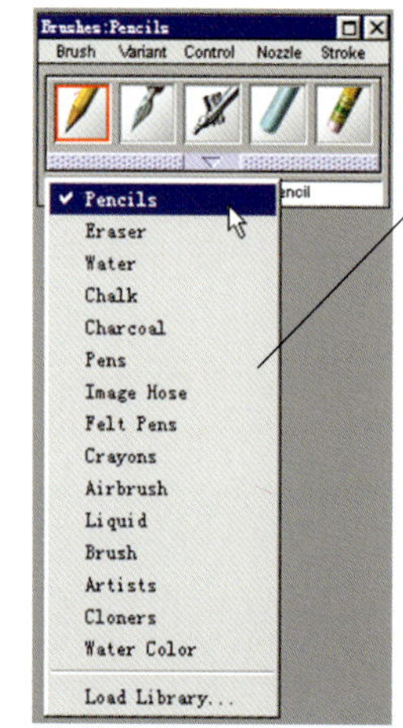

- 点击画笔画板右上角的扩展按钮可以打开 Method（画笔方式）及其 Subcategory（子菜单）控制栏。
  画笔是一个三级控制的命令。
- （1）需选中 Tools（工具）面板中的 Brush（笔刷）。
- （2）需选中 Brush（笔刷）面板中的笔型。
  选择 Brush 面板中的笔型有两种方法：
  a. 直接在 15 种笔型的图标中选择；
  b. 在面板左下角的文字菜单中做出选择。
- （3）Brush（笔刷）面板右下角的扩展笔型菜单才是最终所选择的笔型。

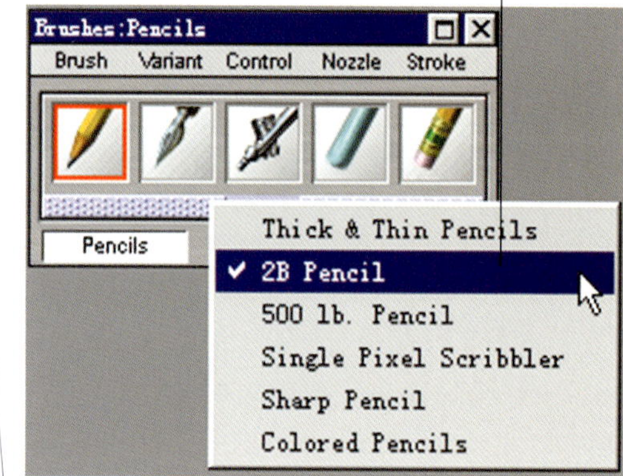

- 画笔方式
  （1）Buildup（重叠）
  （2）Cover（覆盖）
  （3）Eraser（橡皮）
  （4）Drip（滴色）
  （5）Mask (Cover)
  〔蒙版（覆盖）〕
  （6）Cloning（复制）
  （7）Wet（湿画法）
  （8）Plug-in（插入）

- 下面对笔刷工具做一个详细的介绍：
- Pencils（铅笔）
  （1）Thick & Think Pencils（粗细铅笔）
  （2）2B Pencil（2B 铅笔）
  （3）500 Lb. Pencil（粗铅笔）
  （4）Single Pixel Scribbler（单像素铅笔）
  （5）Sharp Pencil（尖头铅笔）
  （6）Colored Pencils（彩色铅笔）

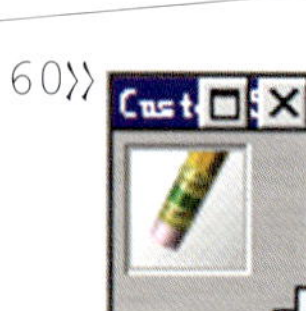

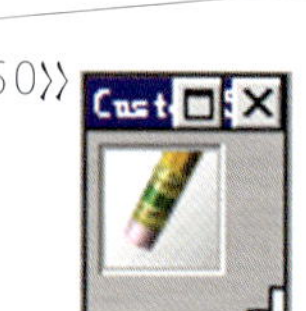

- Eraser（橡皮）
  （1）Eraser　将颜色擦去留下画纸的颜色。Ultrafine Eraser（极小的橡皮）、Small Eraser（小橡皮）、Medium Eraser（中号橡皮）、Fat Eraser（宽橡皮）、Flat Eraser(平头橡皮)。
  （2）Bleach（漂白）将颜色擦去留下白色。Single Pixel Bleach（单像素漂白）、Ultrafine Bleach（极细笔触的漂白）、Small Bleach（小笔触漂白）、Medium Bleach（中笔触漂白）、Fat Bleach（宽笔触漂白）。
  （3）Darkener（加深工具）　会增加颜色密度，重叠颜色直至黑色。Ultrafine Darkener（极细笔触的加深）、Small Darkener（小笔触加深）、Medium Darkener（中笔触加深）、Fat Darkener（宽笔触加深）。

- Water（水笔）
  水笔只将图像中已经存在的颜色弄模糊和稀释而不增加任何颜色，与在湿图层中工作的水彩画笔（Water Color）及其变体无关。
  （1）Just Add Water（加入清水）
  （2）Frosty Water（霜状水笔）
  （3）Tiny Frosty Water（细霜状水笔）
  （4）Single Pixel Water（单像素水笔）
  （5）Water Rake（耙状水笔）
  （6）Water Spray（喷雾笔）
  （7）Big Frosty Water（粗霜状水笔）
  （8）Grainy Water（粒状水笔）

- Chalk（色粉笔）
  （1）Large Chalk（大色粉笔）
  （2）Artist Pastel Chalk（艺术粉蜡笔）
  （3）Oil Pastel（油画笔）
  （4）Sharp Chalk（锐型色粉笔）
  （5）Square Chalk（方形色粉笔）

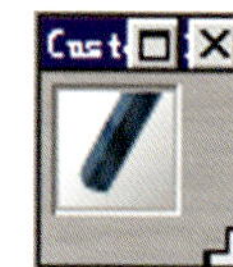

- Charcoal（木炭笔）
  （1）Gritty Charcoal（砂砾状木炭笔）
  （2）Default Charcoal（缺省木炭笔）
  （3）Soft Charcoal（软木炭笔）

- Pens（钢笔）
  （1）Smooth Ink Pen（平滑型钢笔）
  （2）Scratchboard Tool（擦刮板工具）
  （3）Scratchboard Rake（耙状擦刮板）
  （4）Pixel Dust（像素粉尘）
  （5）Calligraphy（书法）
  （6）Leaky Pen（漏洞钢笔）
  （7）Single Pixel（单像素）
  （8）Pen and Ink（钢笔与墨水）
  （9）Fine Point（精致的点）
  （10）Flat Color（平涂色）

- Image Hose（图像水管） 图像的间距大小及排列方法。

（1）Small Random Linear（小间距随意线状）
（2）Medium Random Linear（中间距随意线状）
（3）Large Random Linear（大间距随意线状）
（4）Small Random Spray（小间距随意喷洒状）
（5）Medium Random（中间距随意喷洒状）
（6）Large RandomSpray（大间距随意喷洒状）
（7）Small Sequential Linear（小间距连续线状）
（8）Medium Sequential Linear（中间距连续线状）
（9）Medium Sequential Linear（大间距连续线状）
（10）Small Directional（小间距方向性）
（11）Medium Directional（中间距方向性）
（12）Large Directional（大间距方向性）
（13）Medium Pressure Linearf（中间距受压力控制线状）
（14）Medium Pressure Spray（中间距受压力控制喷洒状）
（15）Small Luminance Cloner（小间距受亮度控制复制画笔）
（16）2Rank R-P（二级控制——随意与对压力作反应）
（17）2Rank R-D（二级控制——对压力作反应并有方向性）
（18）2Rank P-R（二级控制——对压力作反应与随意）
（19）3Rank P-R-D（三级控制——随意、对压力作反应并有方向性）对图像水管画笔更复杂的控制在Nozzle(喷嘴)面板的滑杆与选择按钮上进行。

- Felt Pens（毡头笔）

（1）Dirty Marker（脏色麦克笔）
（2）Medium Tip Fell Pens（中号触觉笔尖）
（3）Single Pixel Marker（单像素麦克笔）
（4）Felt Marker（触觉麦克笔）

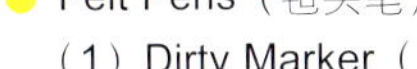

- Crayons（蜡笔）

（1）Waxy Crayons（蜡笔）
（2）Default（缺省笔触）

- Airbrush（喷笔）

（1）Spatter Airbrush（泼洒型喷笔）
（2）Fat Stroke（宽笔触）
（3）Feather Tip（羽化状笔尖）
（4）Single Pixel Air（单像素喷笔）
（5）Thin Stroke（细笔触）

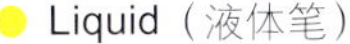

- Liquid（液体笔）

（1）Smeary Bristles（粘性硬毛笔）
（2）Total Oil Brush（较紧密的油画笔刷）
（3）Tiny Smudge（细小的污点）
（4）Smeary Mover（粘性涂抹）
（5）Coarse Smeary Mover（粗糙的粘性涂抹）
（6）Coarse Smeary Bristles（粗糙的粘性硬毛笔）
（7）Coarse Distorto（粗糙的变形）
（8）Thick Oil（厚油画笔刷）
（9）Distorto（变形）

- Brush（绘画笔）

（1）Penetration Brush（渗透画笔）
（2）Camel Hair Brush（驼毛画笔）
（3）Brushy（刷状画笔）
（4）Fine Brush（极细的笔刷）
（5）Sable Chisel Tip Water（轮廓清晰的黑色小水笔）
（6）Loaded Oils（传统的各种油画笔刷）
（7）Big Rough Out（粗大的外观）
（8）Big Dry Ink（粗大的干墨水渍）
（9）Huge Rough Out（巨大的粗糙外表）
（10）Big Loaded Oils（载入的大油画笔刷）
（11）Hairy Brush（毛笔）
（12）Big Wet Oils（大块的湿油画笔刷）
（13）Graduated Brush（不同等级的画笔）
（14）Smaller Wash Brush（小水笔刷）
（15）Big Wet Ink（大块的湿墨水）
（16）Cover Brush（覆盖笔刷）
（17）Rough Out（粗陋的外表）
（18）Ultrafine Wash Brush（极其精致的水笔刷）
（19）Oil Paint（油画笔）
（20）Small Loaded Oils（传统的小油画笔刷）
（21）Digital Sum（数码大全）
（22）Coarse Hairs（粗糙的毛笔）

- Artists (艺术家风格的画笔)

（1）Van Gogh（凡高的绘画笔触）
（2）Impressionit（印象派画家的笔触）
（3）Auto Van Gogh（自动生成凡高画笔触）此命令应与 Effects>Esoterica>Auto Van Gogh 菜单命令配方合用。
（4）Flemish Rub（佛莱芒式的擦画法）
（5）Van Gogh 2（凡高的绘画笔触 2）
（6）Piano Keys（钢琴键）
（7）Seurat（修拉的点彩笔触）

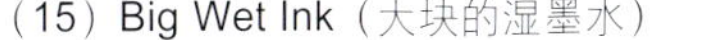

- Clones (复制笔)

（1）Melt Cloner (金属笔触)
（2）Van Gogh Cloner (凡高笔触)
（3）Felt Pen Cloner (钢笔笔触)
（4）Hard Oil Cloner (硬质油画笔触)
（5）Driving Rain Cloner (雨点状笔触)
（6）Soft Cloner (软复制笔)
（7）Hairy Cloner (毛笔笔触)
（8）Oil Brush Cloner (油画笔触)
（9）Impressionist Cloner（印象派绘画笔触）
（10）Straight Cloner（单纯复制原图而不作任何改动）
（11）Pencil Sketch Cloner（铅笔笔触）
（12）Chalk Cloner（色粉笔笔触）

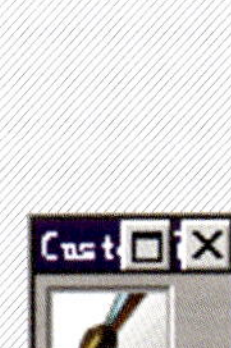

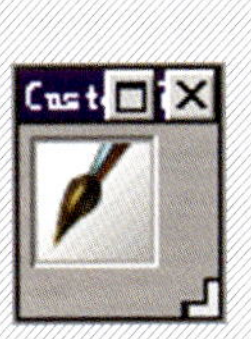

- Water Color (水彩笔)

水彩笔能模仿出自然水彩画的效果，当它画入Wet Layer（湿图层）时具有透明性（这一点是其他画笔工具无法做到的），其后Diffusion（扩散）命令将湿图层与画纸图层合并，在这之前最好做一下Dry（干燥）。

（1）Pure Water Brush（纯水彩笔触）
（2）Broad Water Brush（宽水彩笔触）
（3）Spatter Water（泼洒型水彩笔触）
（4）Simple Water（简单水彩笔触）
（5）Large Simple Water（大块简单水彩笔触）
（6）Water Brush Stroke（宽水彩笔触）
（7）Large Water（大块水彩颜料）
（8）Diffuse Water（扩散型水彩颜料）
（9）Water Eraser（水彩橡皮）

Brushes Palette(笔刷面板)之二

New Brushs (新笔刷)

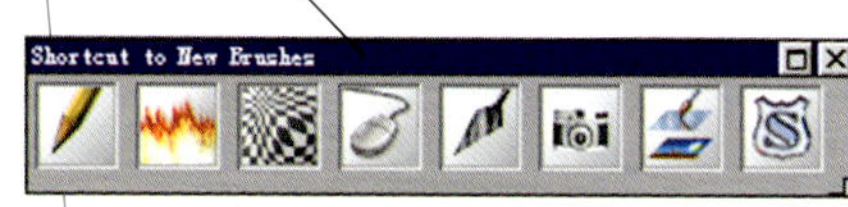

Special F/x#1（特殊 F/x#1）

（1）Sun Burst（太阳发出的黄色放射状光芒效果）

（2）Turquoise（与运笔方向垂直的有间隔的短条状黄色光斑效果）

（3）Shatter 1（碎玻璃块效果）

（4）Shower Door（像淋浴室玻璃门一样的水渍玻璃效果）

（5）Disco Fuss（迪斯科舞厅的灯光效果）

（6）Light Refraction（沿边带有光晕的黄色圆形效果）

（7）Shatter 2（椭圆形碎玻璃块效果）

Impasto（厚涂画笔）

Impasto Brushes.brs（厚涂画笔库） 只含有一种画笔。

（1）Big Thick Impasto （较宽的厚涂笔触）

（2）Big Thick Round （较宽圆头厚涂笔触）

（3）Thick Oil（厚涂油画笔触）

（4）Big Thick Wash（宽厚的涂层笔触）

（5）Large Round Bristle（较柔和的圆头锋毛笔笔触）

（6）Loaded Oil（较薄的油画笔触）

（7）Thick Filbert（柔和的厚涂圆锥形笔触）

（8）Thick Camel Hair（粗驼毛厚涂笔触）

（9）Fine Camel Hair（细驼毛厚涂笔触）

（10）Loaded Chisel Tip（厚涂笔触）

（11）Small Round（细的圆头笔触）

（12）Smeary Tint（颜色先浓后消失的笔触）

（13）Tinted Varnish（颜色先淡后消失的笔触）

（14）Gesso（不带色彩的并逐渐消失的厚涂笔触）

（15）Clear Varnish（带有清楚光泽的厚涂笔触）

（16）Depth Comb（耙齿划出平行凹槽线）

（17）Paint Remover（画出平头凹槽线）

Wet on Wet（湿图层上的湿画笔）

（1）Abrasive Line Brush（研磨效果的线条笔刷）

（2）Simple Diffuse（简单的扩散）

（3）Line Brush（线型笔刷）

（4）Impressionistic（印象派笔触）

（5）Jittery Flat（颤动的平涂）

（6）Blotchy Diffuse（斑点状的扩散）

Gouache（树胶水彩画笔）

（1）Opaque Spatters（画出连续圆点，然后渗化，不太透明）

（2）Diffuse Edge（先画出笔触，然后边缘产生渗化）

（3）Spatters（画出散落圆点）

（4）10 Round（最粗笔触）

（5）8Round（粗笔触）

（6）6Round（一般笔触）

（7）1 Round（细笔触）

（8）Transparent Spatters（画出连续圆点，然后渗化，比较透明）

Wet Erasers（湿图层擦除器）

（1）Wet Eraser（湿橡皮）

（2）Diffuse Wet Eraser（扩散型湿橡皮）

（3）Big Wet Eraser（大湿橡皮）

F/x(F/x 画笔)

（1）Glow（画发光物体的光晕）

（2）Fire（画火舌的效果）

（3）Graphic Print（改变图像的色彩对比）

（4）Confusion（扩散笔）

（5）Bubbles（水泡）

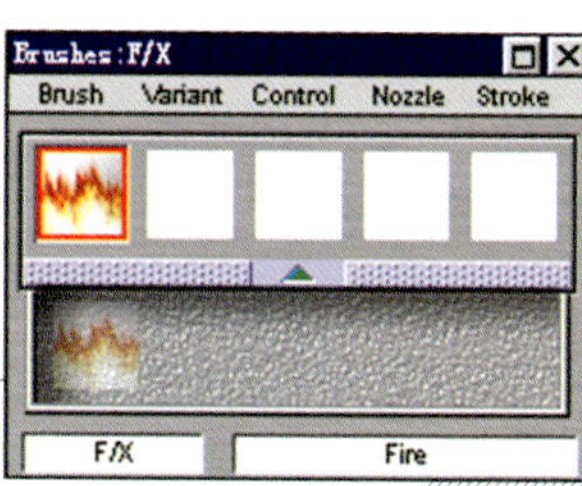

Gooey.brs（粘胶画笔库） 只含有一种画笔。

Gooey（粘胶画笔）

（1）Bulge（凸现）

（2）Pinch（挤压）

（3）Horizontal Pinch（水平方向挤压）

（4）Vertical Pinch（垂直方向挤压）

（5）Left Twirl（左向旋涡）

（6）Right Twirl（右向旋涡）

（7）Twister（旋涡状笔触）

（8）Blender（混色螺旋笔）

（9）Turbulence（风暴笔）

（10）Diffuse Pull（扩散拖移笔）

（11）Marbling Rake（大理石梳状笔）

（12）Runny（粘性笔）

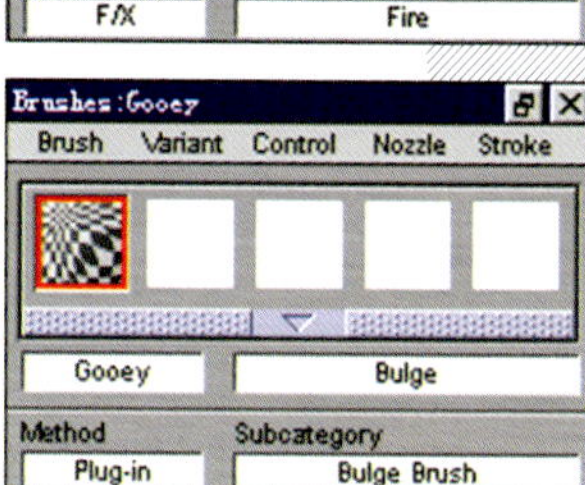

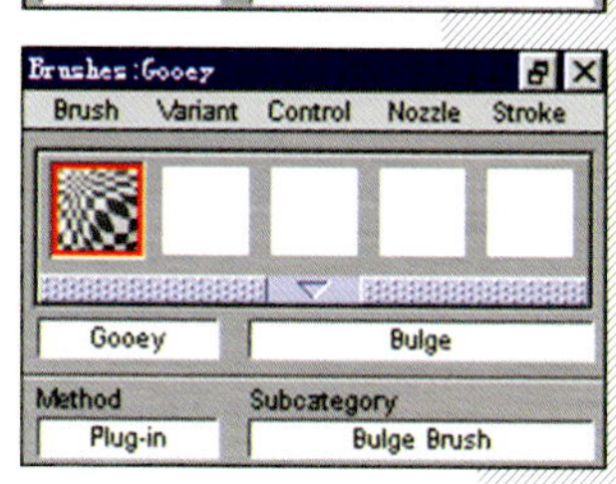

- Layer.brs（透明图层画笔库）

只含有一种画笔。

Layer（透明图层画笔）

（1）Brush（笔刷） 在透明图层上画出油画笔风格的笔触。

（2）Airbrush（喷笔） 在透明图层上画出喷笔风格的笔触。

（3）Pen（钢笔） 在透明图层上画出钢笔风格的笔触。

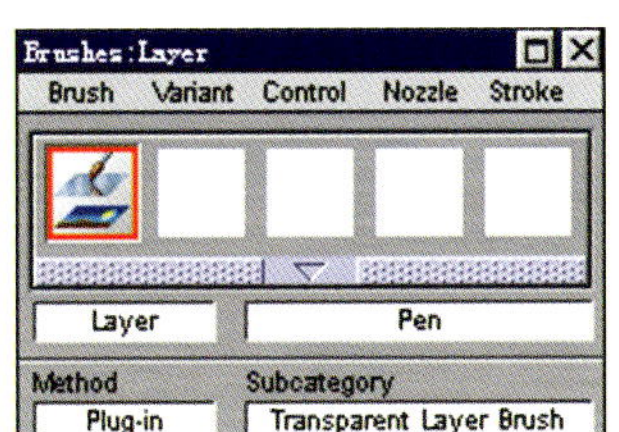

- Mouse.brs（鼠标画笔库）只含有一种画笔。

Mouse（鼠标画笔） 使用鼠标画出具有Stylus（压感笔）特征的笔触。

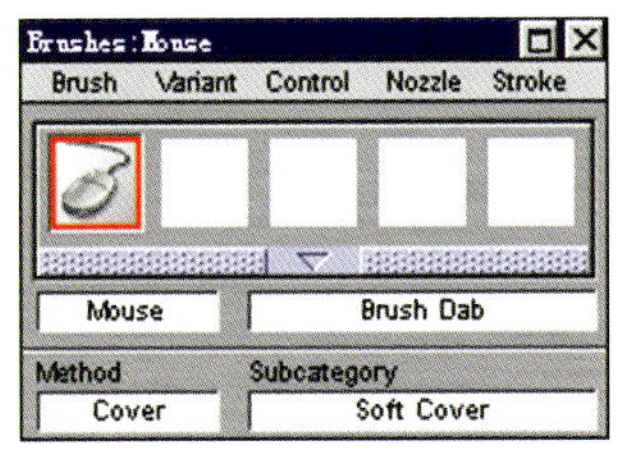

（1）Dotted（画出点状笔）

（2）Spirex（螺旋笔）

（3）Ink Pen（墨水笔）

（4）Line Tool（线型工具）

（5）Scratchy（画出随意宽度的线条）

（6）Bruch Dab（毛笔）

（7）Rubber Stamp（橡皮图章）

（8）Single Pixel（单一像素线条）

（9）Impressionist（印象派笔触）

（10）Calligraphy（书法效果笔）

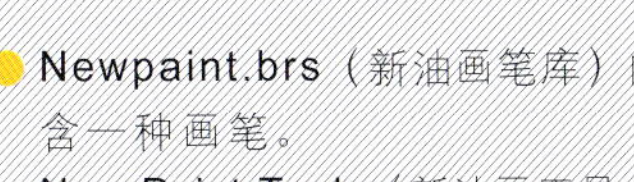

- Newpaint.brs（新油画笔库）内含一种画笔。

New Paint Tools（新油画工具笔）

（1）Palette knife（油画刀效果）

（2）Dry Brush（干枯笔触）抹糊已存在的颜色，但又不让颜色混合得过分，就像传统的油画家用硬毛的干枯笔拖过已画好的油画色造成的效果。

（3）Sargent Brush(萨金特笔刷）抹糊已存在的图像并加入主要色。

（4）Big Wet Turpentine（大块的松节油效果） 以较宽的、有笔锋毛的笔触块抹糊已存在的颜色，就像在湿油画色上用宽笔涂松节油 样。

（5）Big Wet Luscious（大块的油彩笔触） 以较宽的、有笔锋毛的笔触块抹糊已存在的颜色并加入当前主要色。

- Photo（照片画笔）

（1）Dodge（遮挡） 减淡图像的颜色。

（2）Burn（烧黑） 加深图像的颜色。

（3）Blur（模糊） 柔化模糊化效果。

（4）Diffuse Blur（扩散模糊）有方向性的动态模糊效果。

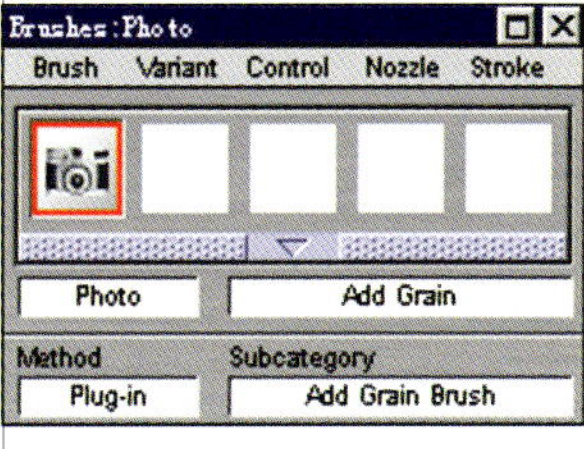

（5）Sharpen（锐化） 增加图像的对比及锐利度。

（6）Scratch Remover（刮擦型移动）

（7）Add Grain（增加麻点） 增加当前所选的画纸肌理效果。

（8）Relief（浮雕） 改变对比度，造成像立体的浮雕效果。

（9）Comb（精梳） 改变图像上的对比度，形成顺着运笔方向的浮雕线条效果。

（10）Overlay（涂盖） 大幅度增加对比度。

（11）Hue（色相） 使已存在的颜色向当前主要色的色相移动，纯度和明度不变。

（12）Hue Add（增加色相） 使已存在的颜色沿着色相环移动。

（13）Hue Sat（色相位置） 使已存在的颜色朝当前主要色的色相和纯度移动，明度不变。

（14）Saturation Add（增加纯度） 改变已存在的颜色的纯度，色相和明度不变。

（15）Value Add（增加明度） 改变已存在的颜色明度，色相和纯度不变。

- Art Materials Plalette（美术材料面板）

从左至右为Color（颜色）、Paper（画纸肌理）、Grad（渐

10 Cloning and Tracing（复制与模绘）

Cloning and Tracing（复制与模绘）

Cloning 在一个图像文件的内部进行，我们称之为复制来源与复制终点区域；如果 Cloning 在图像文件之间进行，我们称之为复制原图与复制终点图。

Painter 有四种方式可以指定复制操作：

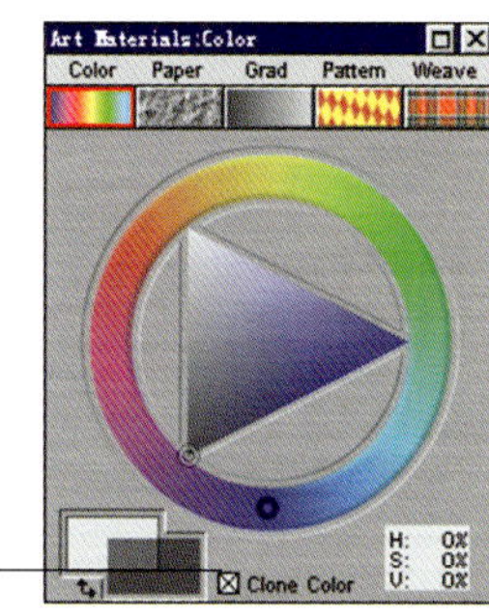

1. 在美术材料面板的色彩次面板上激活 Clone Color（复制色彩）选项，指明从复制原图获取色彩信息，而不是用从选色板上获取的主要颜色绘画，这时色彩次面板泛灰变浅。可以选用任何一种形式的画笔。

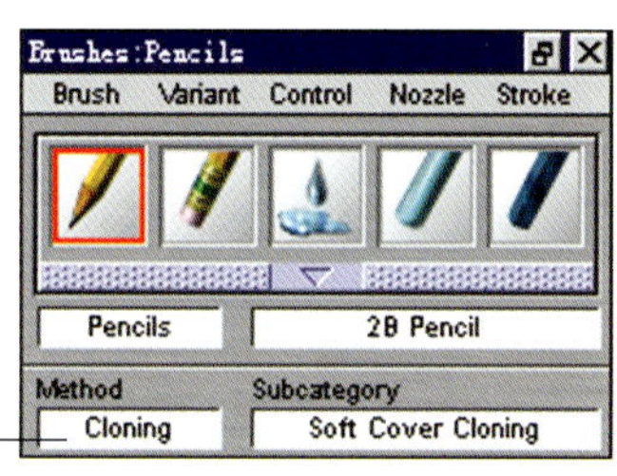

2. 在画笔面板下部的 Method（画笔方式）选项中选择 Cloning（复制）。

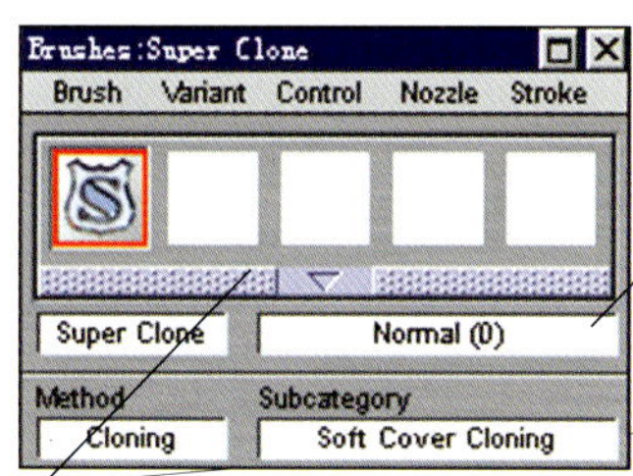

3. 运用 Super Clone（超级复制画笔）进行复制。

4. 选中 Brush（画笔）面板中的 Cloner（复制画笔）进行复制。

当选中上述四种方式之后，在 Brush（画笔）面板中的 contral 菜单中选择 clonging（复制）命令中出现 Advanced Controls Clonging（高级控制复制）面板，同 Super Clone（超级复制画笔）一样，在其中包含了十种复制类型。

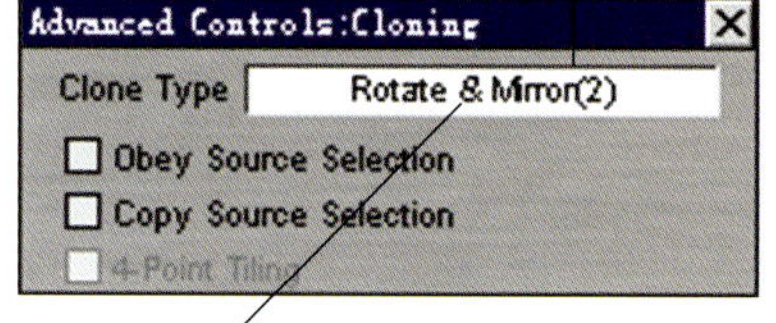

(1) Normal (0)
正常复制（无参照点）。
(2) Offset (1 Point)
偏距复制（一个参照点）。
(3) Rotate & Scale (2 Point)
旋转和缩放复制（两个参照点）。
(4) Scale (2 Point)
缩放复制（两个参照点）。
(5) Rotate (2 Point)
旋转复制（两个参照点）。
(6) Rotate & Mirror (2 Point)
旋转和镜像复制（两个参照点）。
(7) Rotate, Scale, Shear (3 Point)
旋转、缩放和扭曲复制（三个参照点）。
(8) Bilinear (4 Point)
双直线复制（四个参照点）。
(9) Perspective (4 Point)
透视复制（四个参照点）。
(10) Perspective Tiling (4 Point)
透视铺瓦式复制（四个参照点）。

复制可以在一幅图中进行，也可在两幅图之间进行，当处于状态时，复制原点按顺时针方向从画面的左上角依次排列，按住 Control 键可以调整复制原点的位置，按住 Control+Shift 键可以显现复制终点图的各个复制点的位置，同时也可以调整各个复制点。

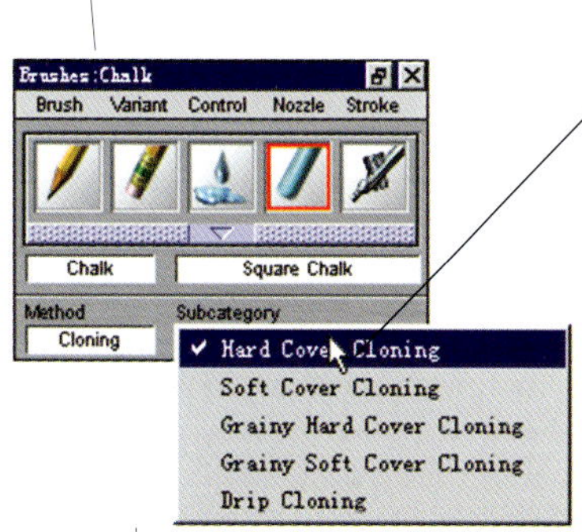

五种复制方式：

(1) Hard Cover Cloning（硬覆盖复制） 画出半防锯齿状边缘的笔触，覆盖住下层颜色。
(2) Soft Cover Cloning（软覆盖复制） 画出防锯齿边缘的笔触，覆盖住下层颜色。
(3) Grainy Hard Cover Cloning（肌理硬覆盖复制） 效果同硬覆盖复制，但笔触能与画纸肌理互相作用。
(4) Grainy Soft Cover Cloning（肌理软覆盖复制） 同软覆盖复制，但笔触能与画纸肌理互相作用。
(5) Drip cloning（滴色复制） 在 Painter5.0 版中无效。

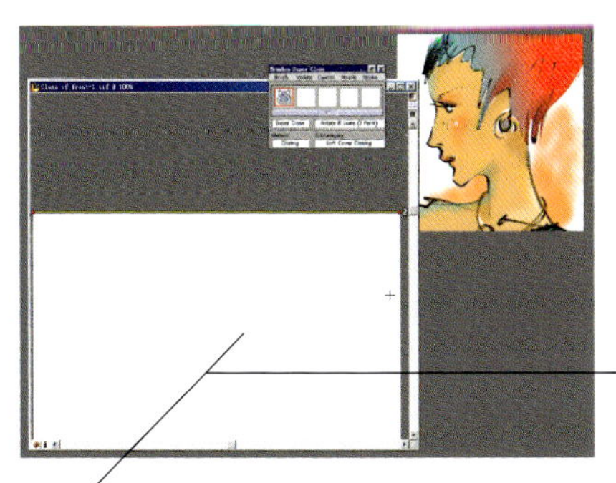

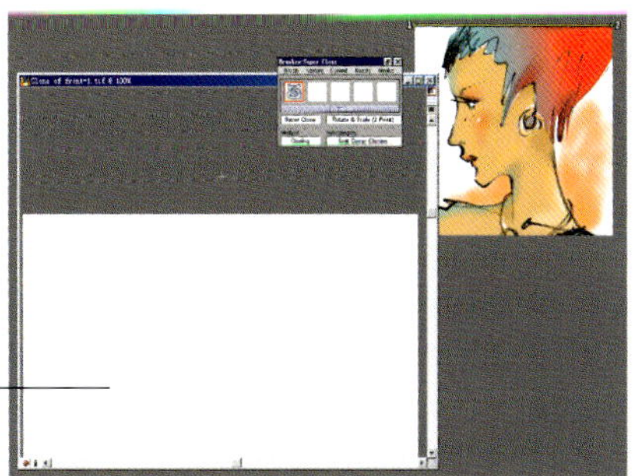

基本的操作方式：

1. 按住Shift键，点击复制原区域或者复制原图，被点击的地方会暂时出现一个绿色的Reference Point 1（参照点1）。
2. 将光标移往复制终点区域或者复制终点图，用画笔工具开始模绘。按住Control + Shift键,在复制终点区域或者复制终点图出现一个红色的参照点。这一参照点可以随意移动到你所想要描绘的区域。

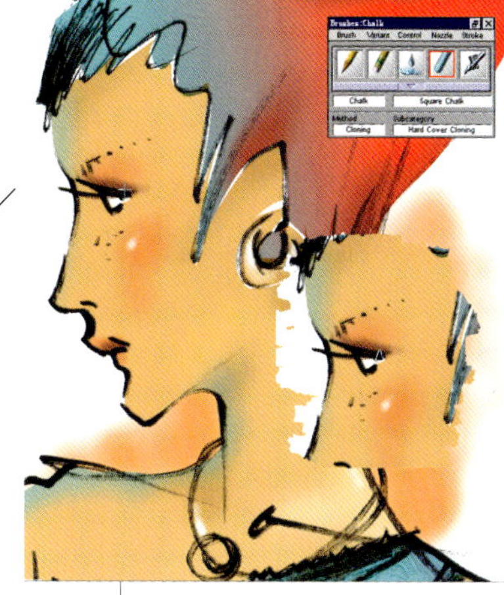

在图像文件中进行

在图像文件之间进行

1. 首先选择File（文件）下的Clone Source（复制原图）命令，选定复制原图（如打开有多个图，打勾表示选中）。
2. 接着设定复制终点图，创建一张同样尺寸的新图作为复制终点图，这样可以建立与复制原图的准确联系。创建同样尺寸新图的办法是选择File（文件）Clone菜单命令将复制原图复制成一模一样的复制终点图，然后清除掉它上面的图像以便进行模绘。清除时选择Select（选择）下的All（全选）命令选中全图，接着有两个办法：一是选择Edit（编辑）中的Clone（复制）命令清除图像，然后再选None（没有）来取消选取；二是用Backspace（背景空间）键清除掉图像。
3. 选用画笔工具并用前面介绍过的两种方法之一进行复制操作。除非想原样复制，否则应该在美术材料面板的色彩次面板上选取Clone Color（复制色彩）选项，以便进行艺术再创造。

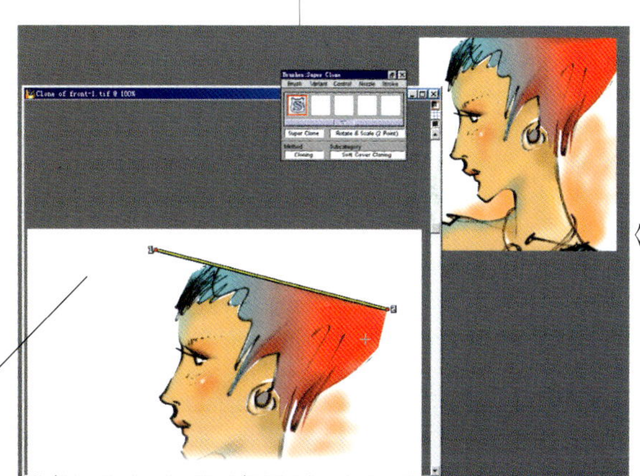

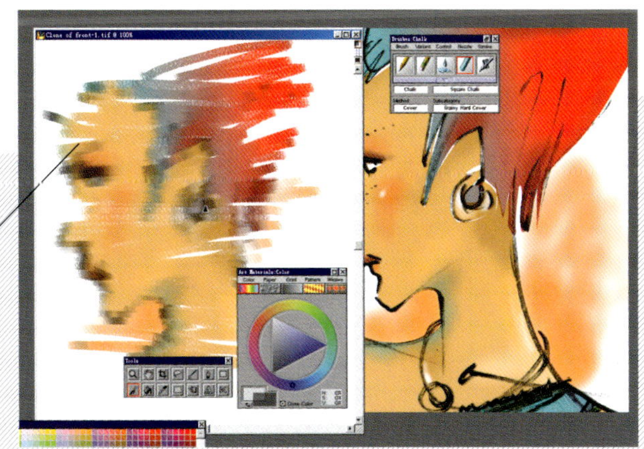

采用方头色粉笔克隆描绘的笔触效果。

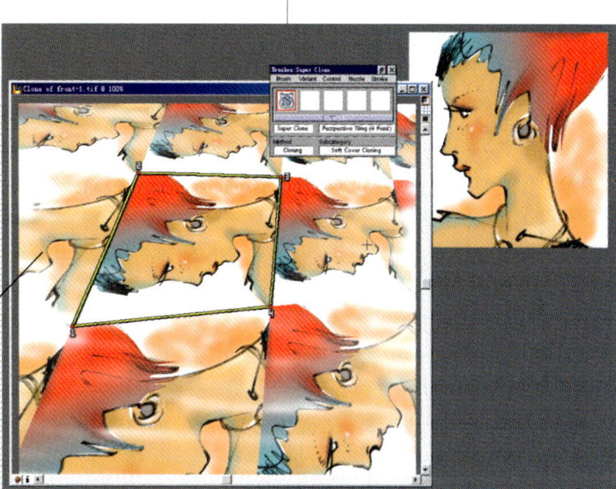

a.Normal（0）（正常复制）

b.用户在复制原图内按住Shift键并用画笔工具的光标点击设定绿色的参照点，这时Cloning次面板上的Normal（0）复制类型自动跳为Offset（1）（偏距复制）。按住Shift键可以用光标拖曳参照点重新定位。

c.变形复制，先在Cloning（复制）下的Clone Type（复制类型）选项中挑选需要的多点复制类型。能够产生旋转、缩放、镜像、扭曲等变形复制的复制类型有七个，分成两类，二至三个参照点的为一类，四个参照点的为另一类，操作略有不同，但都需要在复制原图与复制终点图里都设定参照点作为变化的依据。

11 Art Materials Palette（美术材料面板）

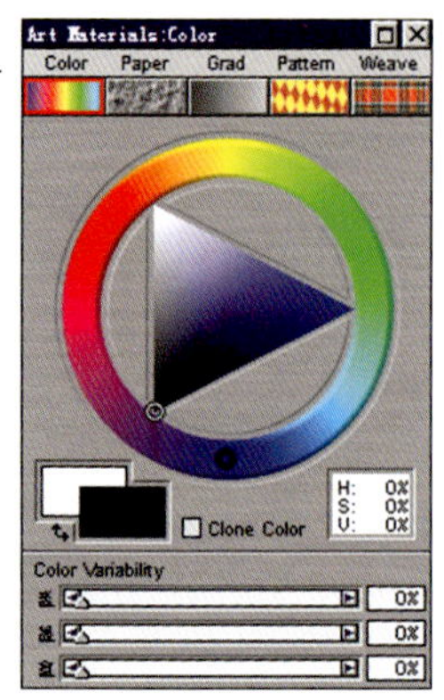

Art Matenrials Palette（美术材料面板）

从左至右为 Color （颜色）、Paper （画纸肌理）、Grad（渐变）、Pattern（连续纹样）和 Weave（编织纹样）。

注意：许多选项是与 Effects（效果）命令相结合使用的。

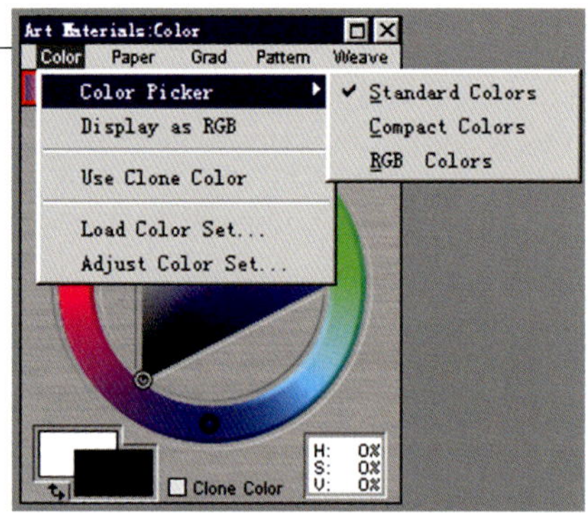

Color（颜色）

选择颜色的方式：a.色彩面板或 b.Color Set（调色盘）。

点击 Color（颜色）弹出命令菜单：

（1）Color Picker（选色板）、Standard Color（标准选色板）、Compact Colors（简化选色板）和RGB Colors（RGB选色板）。

（2）Display as RGB/HSV（以 RGB 或者 HSV 色彩样式显示）：RGB样式是以Red/Green/Blue三色相混；HSV样式是以色相（Hue）、纯度（Saturation）和明度（Value）来表示主要色。

注：色相（Hue）指颜色的相貌，红、黄、蓝为三原色，橙、绿、紫称为间色。纯度（Saturation）也叫彩度或饱和度，指一个颜色色素的饱和程度，也就是一个颜色中含灰色量多少的程度。含的灰色量越少，颜色越饱和，纯度越高，看上去越鲜艳。明度（Value）是指一个颜色的明暗、深浅、浓淡的程度。明度与纯度有着密切的关系，当一个颜色调入白色或黑色时，不仅明度发生变化，纯度也随之变化。

（3）Use Clone Color（使用复制原图像的颜色）

在标准选色板上选取颜色：

首先在色相环上单击或者拖曳小圆圈来选定色相，这时色相环中间的三角形的颜色就会变成被选中的色相。

第二步是在三角形中单击或者拖曳小圆圈来选定纯度与明度。在三角形上颜色是以纯度和明度来分布的，纯度从右向左水平横贯三角形，右端颜色最鲜最纯，向左拖曳颜色则变得灰暗。明度从上到下垂直纵贯三角形，顶端明度最高（白色），底端明度最低（黑色）。点取Primary（主要色）、Secondary Color（次色）色样左下方的双向箭头可以在主次色之间进行切换。色相环的下方有Clone Color（复制色彩）选项，选中时会从复制原图获得颜色。H（色相）、S（纯度）和V（明度）。RGB选色板时用 R(红色)、G(绿色)、B(蓝色）的控制滑杆来代替色相环。

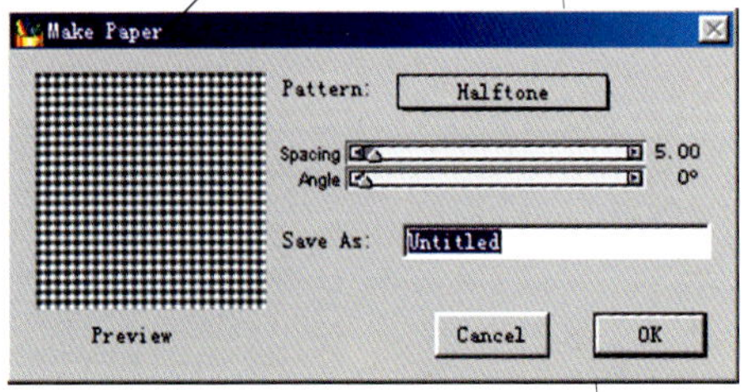

Paper（纸张）

通过与画笔相互作用才能看到肌理效果。

（1）Capture Paper（获取画纸肌理）

painter软件中本身就含有一些肌理材质，你也可以将某个图片经扫描仪输入，然后击本项命令打开Save Paper（储存纸）画纸肌理对话框，键入名字后点取 OK，这时获得的画纸肌理便会出现在画纸肌理次面板的抽屉里并被追加到当前画纸肌理库中去。Crossfade（清晰程度）。

（2）Make Paper（制造画纸肌理）

有以下一些效果：Halftone（半色调）、New Halftone（新色调）、Line（线形）、Diamond（钻石形）、Square（正方形）、Circle（圆形）、Ellipse（椭圆形）、并且还可以通过调整 Triangle（小三角）来控制 Spacing（间隔）和 Angle（角度）。

（3）Invert Paper（反转画纸肌理）

（4）Paper Mover（画纸肌理移动器）

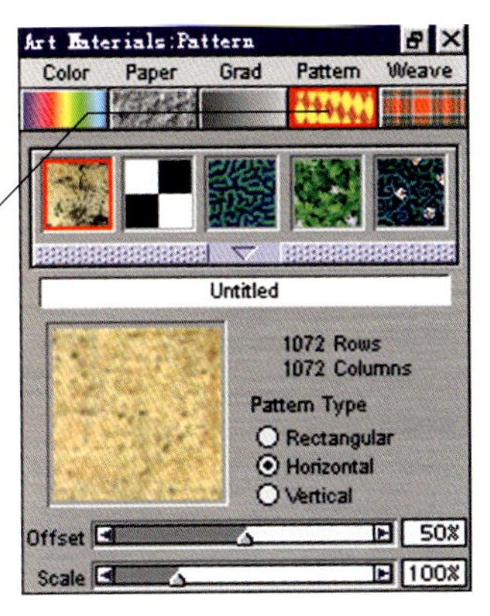

Pattern（连续纹样）

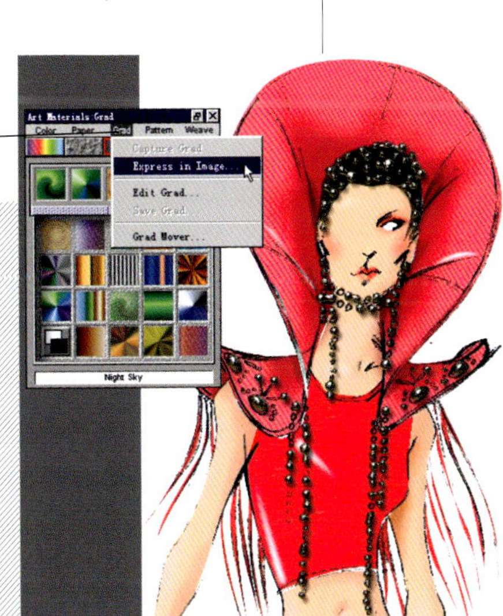

（1） Capture Pattern（获取连续纹样）

选取某个现成图像的一部分，或者用画笔绘制一个图像，然后通过此项命令，将它定为单位纹样，从而创建出连续纹样来。① Rectangular（矩形常规格栅排列），这时Bias滑杆无效；② Horizontal Shift（水平偏移），横列纹样发生偏移，Bias滑杆控制偏移程度；③ Vertical Shift（垂直偏移），纵列纹样发生偏移，Bias滑杆控制偏移程度。

（2）Define Pattern（指定连续纹样）

（3）Make Fractal Pattern（创建连续纹样）

（4）Add Image To Lidrary（将连续纹样入库）

（5）Check Out Pattern（检查连续纹样）

（6）Pattern Mover（连续纹样移动器）

Weave（编织纹样）

主要配合用于Effects（效果）中的Fill(填充)命令。包括有Linear（线形）、Radial（放射形）、Circular（圆形）和Spiral（螺旋形）。点击渐变次面板右上角的扩展按钮可以打开下部的扩展部分，用来控制经过编辑设定的各种颜色渐变的顺序，从而决定渐变的方式。

渐变（Grad）

控制颜色之间的逐渐过渡。

（1）Capture Grad（获取渐变）

（2）Express in Image（在图像中表达渐变）

（3）Edit Grad（编辑渐变）

（4）Save Grad（储存渐变）

（5）Grad Mover（渐变移动器）

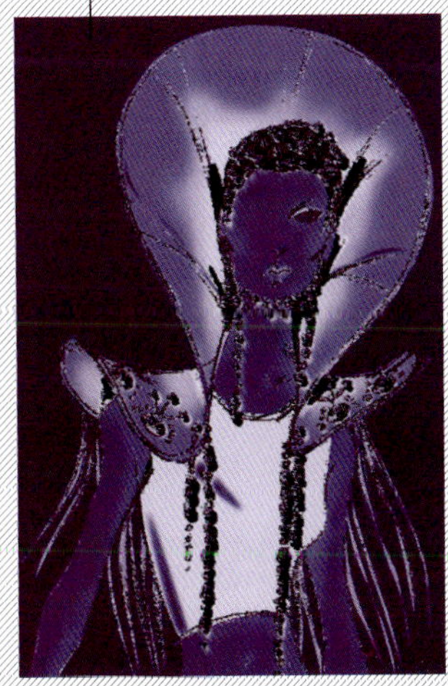

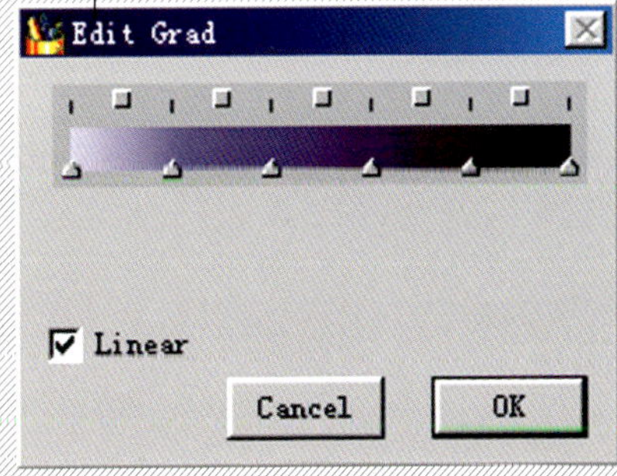

12 Object Palette(物件面板)之一

Object Palette（物件面板）

P.Float（插入式浮动区）、Flater（浮动物件）、Mask（蒙版）、Script（记录本）、Net（网络）。

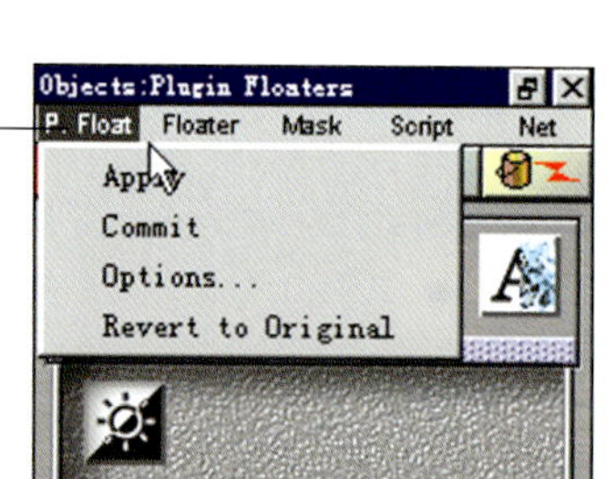

P.Float（插入式浮动区） 建立独特的、新的浮动区；改动已存在的浮动区；对下层图像进行改动。无论哪一种作用，产生的效果都可以加以改变、搬移和重新操作，而且不会对原有的图像造成任何损害。

（1）Apply（应用插入式浮动区）

（2）Commit（转换成图像浮动区）这样才能对图像进行当它在插入浮动区时无法进行的操作：

①在插入式浮动区内绘画〔Impasto（厚涂画笔）除外〕；

②对插入式浮动区执行Effect（效果）命令；

③对插入式浮动区执行另一次插入式浮动区的操作。

（3）Option（执行）中包括：

①Drop（下滴）插入式浮动区；

②Collapse（瓦解）包含有插入式浮动区的组合(Group)。

（4）Revert to original（恢复原样） 本项命令使修改过的图像浮动区恢复原样，但只对Burn（焦痕）、Tear（撕裂）和Bevel World（斜坡世界）三种插入式有效。

（5）其他还包括：Equalize（平均化）、Glass Distortion（玻璃化扭曲）、Posterize（色调分离效果）、Brightness and Contrast（亮度与对比度），均与第一章里Effect（效果）菜单命令中的同名功能效果相似。

Burn（焦痕）

（1）Burn Margin（焦痕效果与浮动区边缘的距离）

（2）Flame Breadth（火焰宽度）

（3）Flame Strength（火焰长度） 烧掉部分与浮动区的比率，增加设定会缩小浮动区。

（4）Wind Direction（风向） 改变各边被烧焦的程度。

（5）Wind Strength（风的长度） 决定因风的改变而造成的烧焦的变化程度。

（6）Jaggedness（被烧焦的边缘的锯齿程度）

（7）Use Paper texture（运用纸的纹理） 使用当前画纸肌理来变化焦化区域的染色浓度。

（8）Preview（预览） 是否想阻止，可随时按新的设定调整效果。

（9）Off（取消） 是否想取消执行焦痕的效果，用户在以后还可以重新打开对话框恢复执行这一效果。

（10）Burn Color（焦痕的颜色）

（11）Reset（恢复到缺省设定）

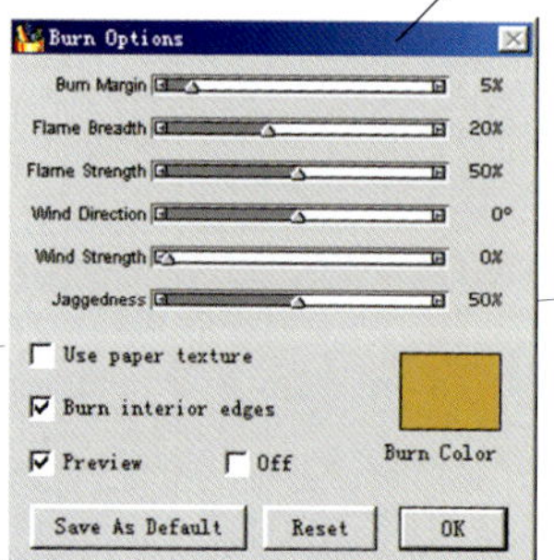

对图形运用悬浮插件时会出现此对话框：转变图形位图像悬浮层吗？点击Commit即可。

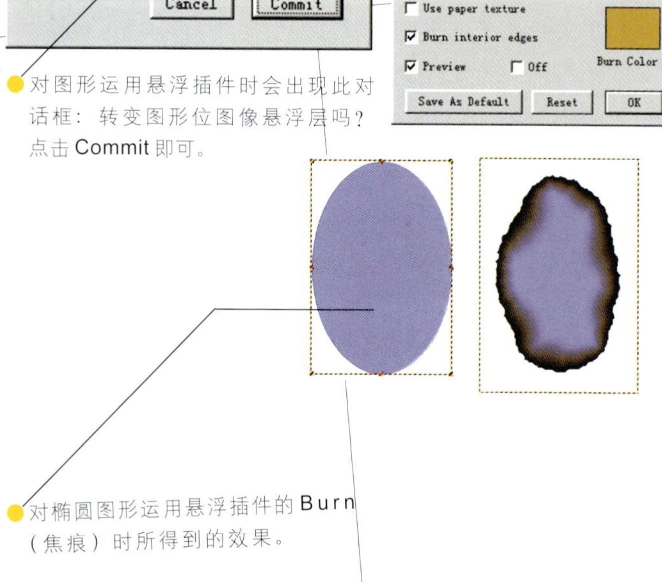

对椭圆图形运用悬浮插件的Burn（焦痕）时所得到的效果。

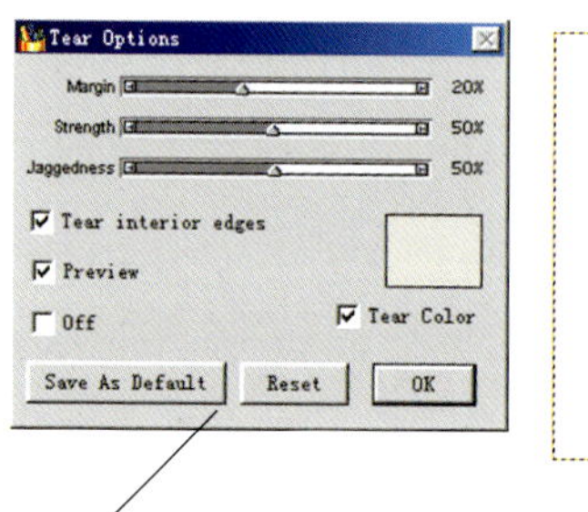

Tear（撕裂）

Margin（从浮动区边缘到撕裂效果处的宽度）、Strength（被撕裂的范围大小）、Jaggedness（撕裂边缘的锯齿程度）。

Bevel World（斜坡世界）
创建三维的斜坡效果。
Bevel Control（斜坡控制）
Bevel Width（斜坡宽度）
Outside Portion（外部宽度）
Outside Color（色样可以设定外部的颜色）
Rim Slope（斜坡高度）
Cliff Slope（斜坡倾斜度）
Base Slope（斜坡底部斜坡度）
Light Controls（光线控制）
Light Direction（光线照来的方向）
Light Height（光源高度）
Brightness（光源亮度）
Scetter（照亮范围）
Shine（高光部分的亮度）
Reflaction（映象）、Relection（映射） 可以将复制原图的颜色贴到物体表面上去，并决定着附着的程度，如果没有打开复制原图，贴的就是当前连续纹样的颜色。

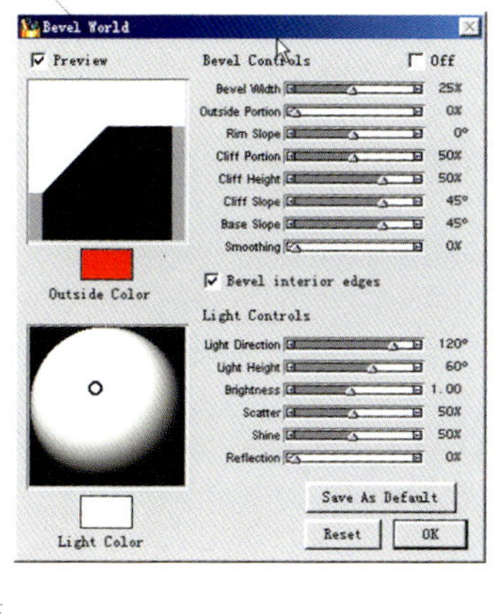

对椭圆形施加Bevel World（斜坡世界）命令所出现的效果。

如何运用Bevel World（斜坡世界）

（1）创建所需的图形。

（2）在图形命令中点击convert to floater将之改变为悬浮层，或者使用convert to selection命令将图形转变为选区。

（3）选择Object（物件）面板中的P. Float（插入式浮动区）中的Bevel World（斜坡世界）。

（4）点击物件面板右下角的Apply（应用）按键，出现一对话框。试着调节各个滑杆，选择你想要的效果。

Impasto（厚涂）
Draw With Color（用颜色绘画）
Draw With Depth（画出带有厚度的线条）
（1）Uniform（统一） 均一厚度，厚度由笔触控制。
（2）Erase（橡皮） 压平厚度，如果对已画的厚涂笔触不满意，可用这一方式消除。
（3）Paper（纸纹） 用当前画纸肌理控制厚度变化。
（4）Original Luminance（原来的亮度） 使用复制来源的亮度控制厚度变化，如未指定复制原图，这一方式是用当前连续纹样的亮度来控制厚度变化。
（5）Weaving Luminance（编织亮度） 用当前编织纹样的亮度控制厚度变化。
Opacity Controls Depth（笔触的不透明度）
Grain Controls Depth（画纸肌理穿透性作为厚度的控制因素）
Negative Depth（改变笔触厚度的方向） 被选中时笔触不是从画纸表面隆起，而是掘下去成为凹槽。
Height（笔触最大厚度）
Smoothing（厚度变化的圆滑性）
Appearance of Depth（厚度外貌）三条滑杆分别为：① Amount（强度），将滑杆移到左端会使厚度消失，移到右端厚度达到最大化。② Picture（图片），控制图像上的彩度，设定数值越大越鲜亮。③ Shine（高光）。
Light Controls（光线控制）部分有三条滑杆：① Brightness（光源亮度）；② Conc（照射范围）；③ Exposure（曝光度）。
Clear Depth Layer（清理厚涂图层）选项可以压平所有的厚涂线条，但厚涂图层还在，用户可以重头再画厚涂线条。

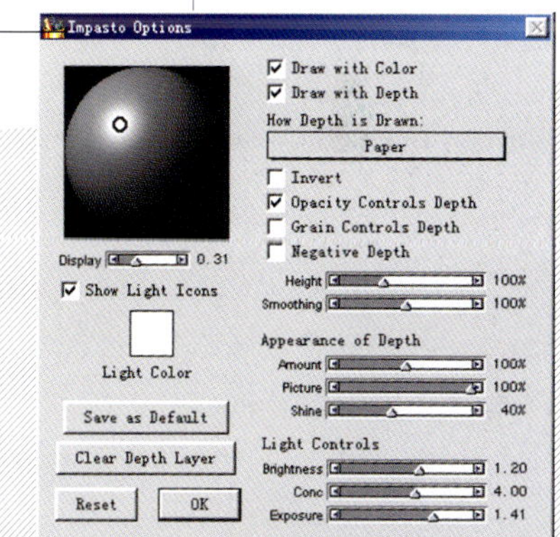

Impasto（厚涂效果）

Object Palette(**物件面板**)之二

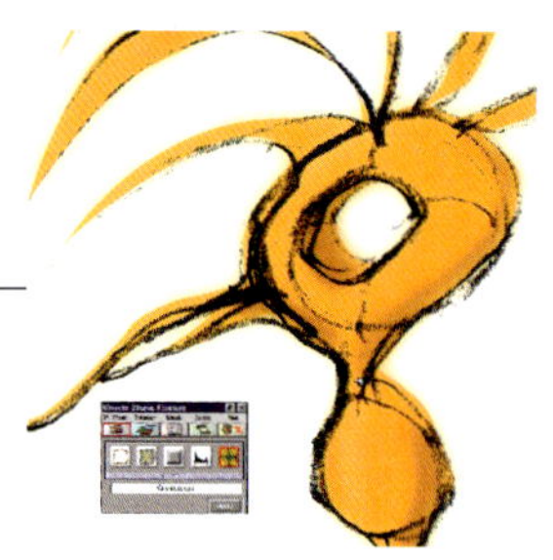

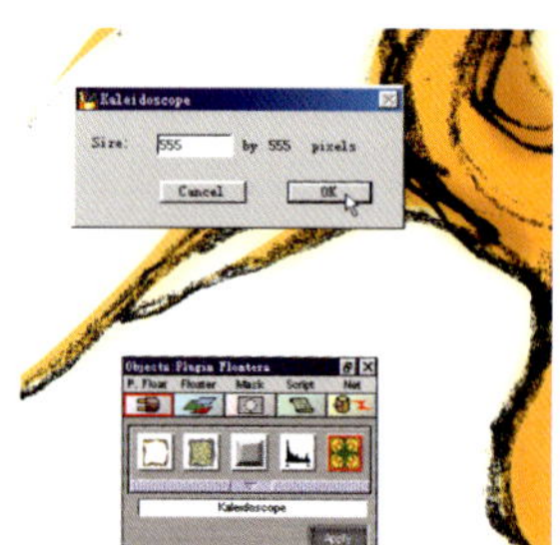

Kaleidoscope（万花筒） 在对话框中输入数值得到合适的大小变化。

Liquid Lens（液态透镜）

四项滑杆：

（1）Amount（变形的程度）

（2）Smooth（光滑程度）

（3）Size（变形工具的直径和雨点尺寸）

（4）Spacing（变形色块之间的距离）

控制面板下方的四个按钮：Rain（雨点）向下，使图像融化变形，在图像内任何地方点击都能使雨停下来；如果对效果不满意可以用Clear（清除）；Reset（恢复）能将滑杆恢复缺省状态；按OK完成任务。

Kaleidoscope（万花筒）的效果

控制面板左边的七个图标（从左到右）：

（1）Circle（圆形） 向希望变形的方向拖拽光标。

（2）Left Twirl（向左旋）

（3）Right Twirl（向右旋）

（4）Erasr（橡皮） 在操作液态透镜功能时，Undo（不做）无效，所以只能以Eraser工具或者Clear按钮来删除变形效果。

（5）Bulge（膨胀）

（6）Pinch（收缩）

（7）Brush（笔形）

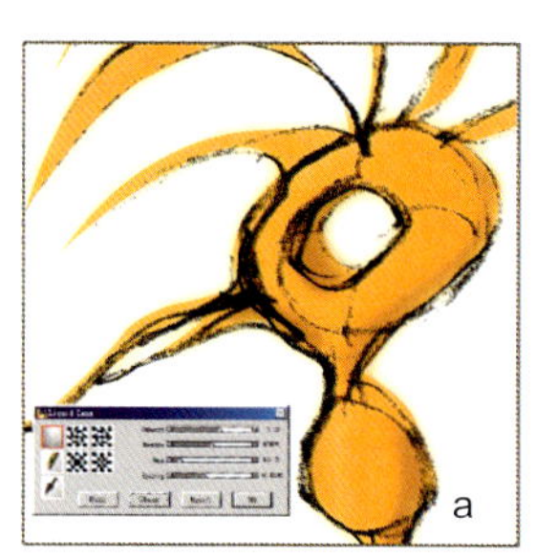
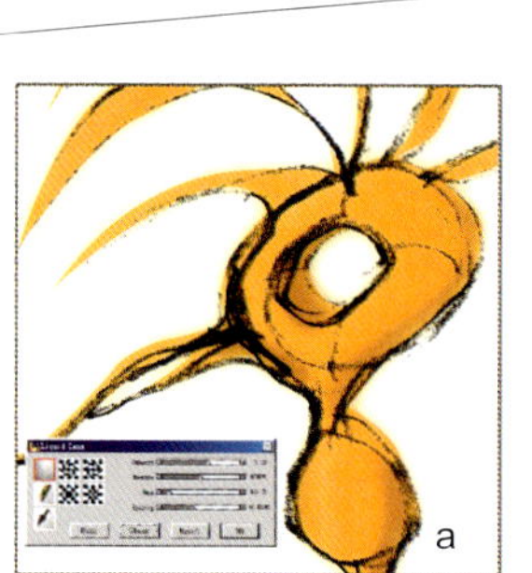

a

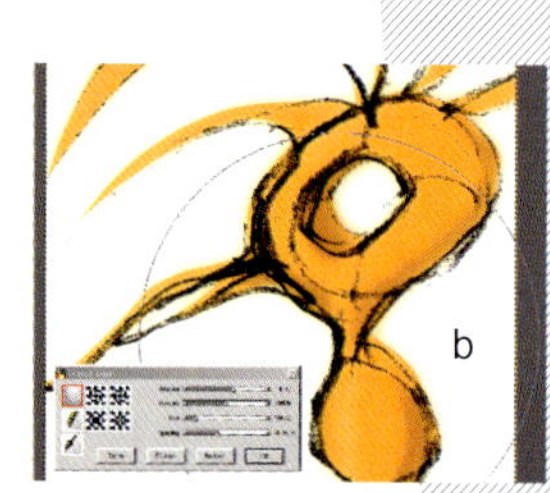

b

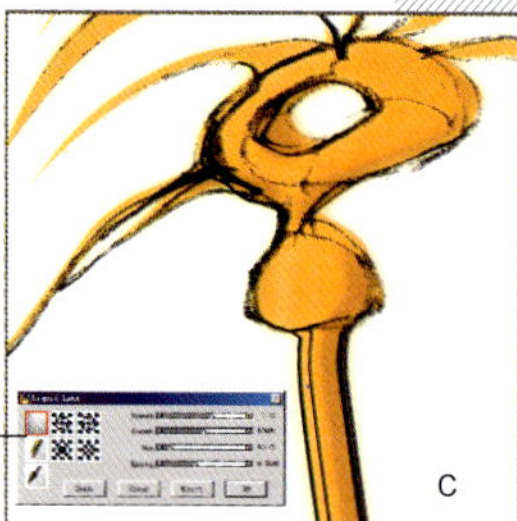

c

使用Circle(圆形工具)拖曳光标得到的变形效果，图b中的圆圈为光标拖动的大小。

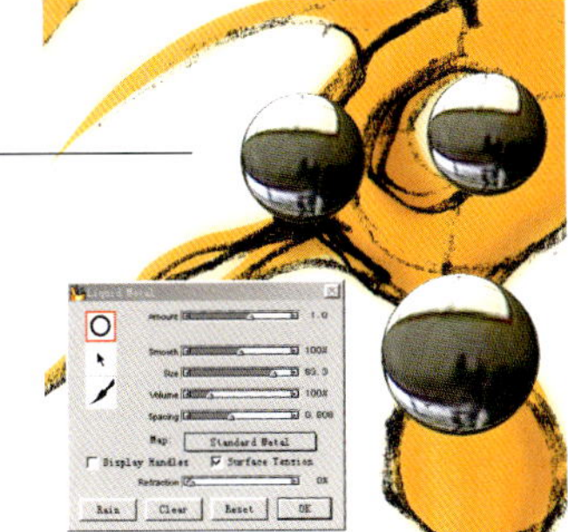

Liquid Metal（液态金属）中的Rain（雨点）效果，在画面中任意地方点击鼠标即能停止该项指令。

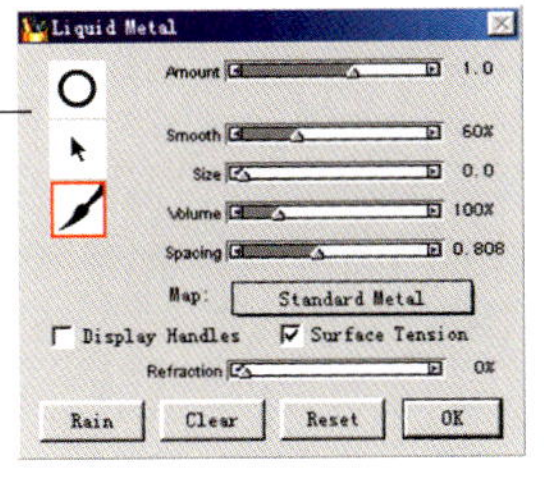

Liquid Metal（液态金属）控制面板左边的三个图标（从上到下）：

（1）Circle Tool（圆形工具）

（2）Selector Tool（选择工具）

（3）Brush Tool（笔形工具）用笔形工具可以画出液态金属的笔触，用圆形工具在图像上拖曳可以画出液态金属的圆形，一个圆形就是一个液滴，而笔触是由许多连绵不断的液滴组成。

控制面板下方的四个按钮：

（1）Rain（雨点） 是绘制液态金属的工具。

（2）Clear(清除) 清除不满意的效果。

（3）Reset(将滑杆恢复到缺省状态)

（4）OK（完成任务）

Liquid Metal（液态金属）中的Circle Tool（圆形工具）效果。

Map（五种贴图方式）：

① Standard Metal（标准金属）

② Chrome 1（一号铬）

③ Chrome 2（二号铬）

④ Interior（内部）

⑤ Clone Source（复制原图） 如未打开复制原图即为当前连续纹样。

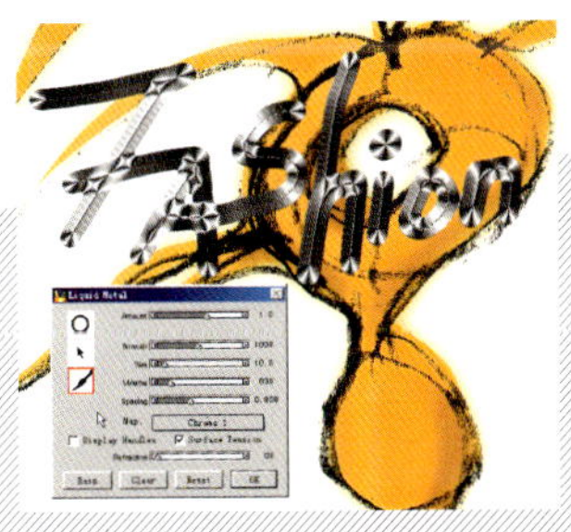

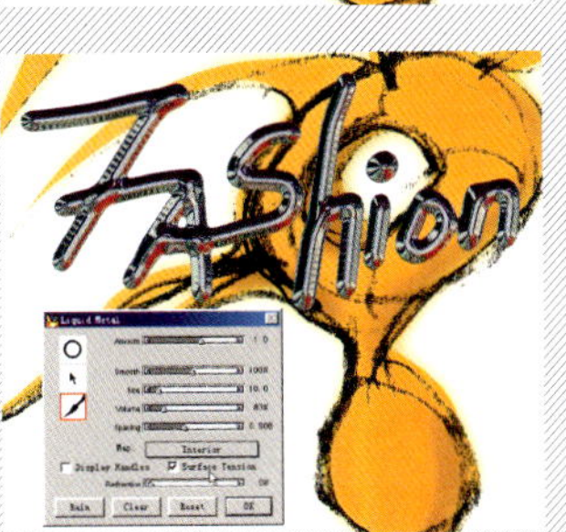

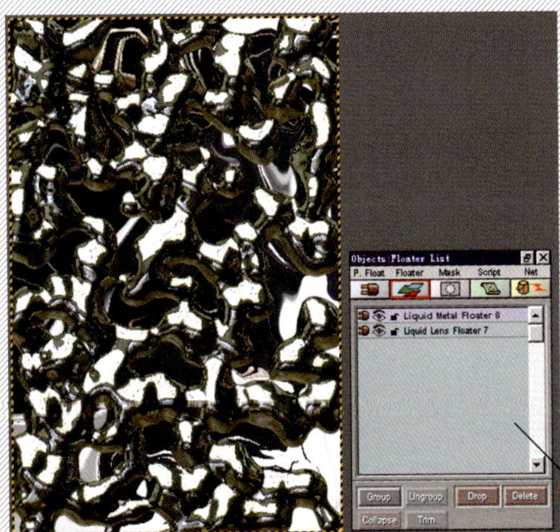

使用悬浮插件的时候会自动生成一个悬浮层。随意地移动或者改变该图层，不会对底层图造成影响。黄黑线框即为完成悬浮插件效果的图层。

13

Object Palette/Floater（物件面板 / 浮动区）

Floater（浮动区） 画布上浮动的物件称为浮动物件，是浮动在画纸上方的分离的图像成分。Painter的浮动物件共有四种，即 Image Floater（图像浮动区）简称Floater（浮动区）、Reference Floater（参考浮动区）、Plug-in Floater（动态插入式浮动区）和 Shape（图形）。

打开Floater（浮动区）的弹出式命令菜单

（1）Transparent Layer（透明图层）

（2）Floater Portfolio（浮动区文件夹）

（3）Group（组合） 将被选中的浮动物件合并成一个组合。同种物件组成的组合可以作为一个整体来进行Scale（剪切）、Rotate（旋转）、Flip（滤镜）、Distort（扭曲）等操作，但由图形和图像浮动区混合组合则无法作为整体来操作。如果是第一次的组合，那么还可以加上其他浮动物件。

（4）Ungroup（打散组合）

（5）Collapse（组合崩溃） 使组合成的一个单一的浮动区无法再Ungroup（打散组合）。

（6）Select All（选中所有的浮动物件）

（7）Deselect（取消选取）

（8）Lock（锁住） 被锁住的浮动区与插入式浮动区不能被浮动区调整工具选中和移动，但此项功能对图形无效。

（9）Drop（取消浮动） 使浮动物件与画布图像（背景图像）融合在一起。

（10）Drop All（取消所有浮动物件的浮动）

（11）Drop and Select（取消浮动并改为选区） 取消浮动物件的浮动，并且依据浮动区的可见性蒙版或者图形的路径线自动地转换成选区。

（12）Delete Floater（删除浮动物件）

（13）Trim（修剪）

（14）Floater Size（浮动区尺寸） 让用户在对话框里键入像素点数来改动浮动区矩形框线四边〔Top（上），Left（左），Bottom（下）， Right（右）〕的尺寸，增大用正值，缩小用负值。

（15）Show/Hide Floater Marquee（显示 / 隐藏浮动物件边框线）

（16）Floater Attributes（浮动区属性）

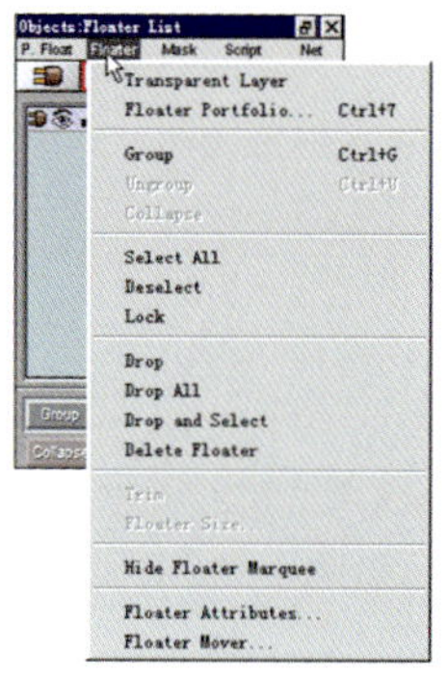

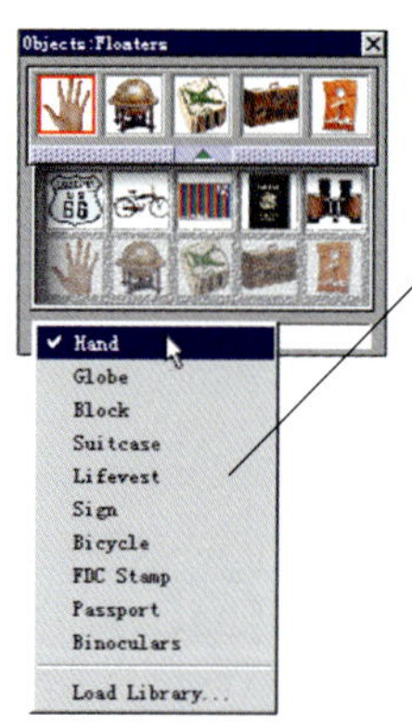

点击Floater的Floater Portfolio（浮动区文件夹），菜单弹出该面板。

选中浮动物件的方法：

a. 用浮动区调整工具在图像窗里点击浮动物件的位置或者套选，一次可以套选一个或多个浮动物件；

b. 在浮动物件目录中点击目录条，按住Shift键可以同时点选多个浮动物件。

眼睛符号是显示标志，睁开的眼睛表示这一浮动物件正在屏幕显示中，闭上的眼睛表示这一浮动物件面板隐藏状态。

Rect（矩形图形）、Oval（椭圆形图形）、Shape指由图形设计工具（图形笔工具或快速曲线工具）创建的异形图形。

五角星表示图像浮动区，圆形加等边三角形表示图形，排成方形阵列的八点表示参考浮动区，插头表示插入式浮动区，钝角三角的箭头表示组合。

14 Object Palette/Masaics（物件面板 / 马赛克）

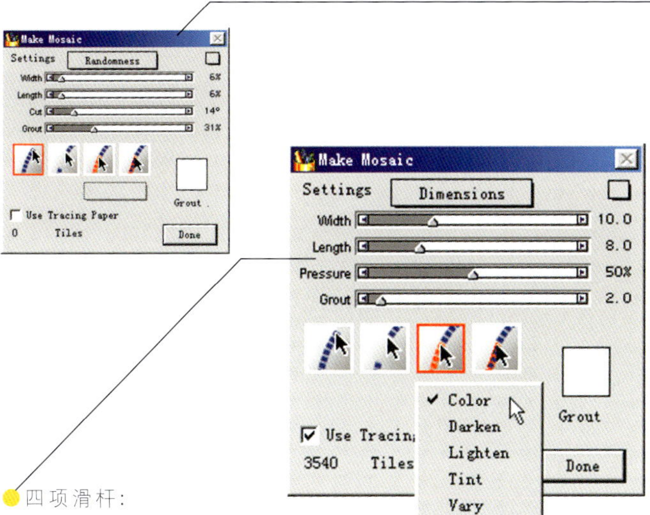

● Mosaics（马赛克）
选择Canvas>Make Mosaic…菜单命令打开对话框，最上面的选项是Setting（瓷片设定），共有两项设定，即Dimensions（尺寸设定）与Randomness（随机设定）。

● 四项滑杆：
（1）Width（瓷片宽度）
（2）Length（瓷片长度）
（3）Presure（不同力度的笔触与瓷片宽度变化的关系）
（4）Grout（瓷片之间间隔）

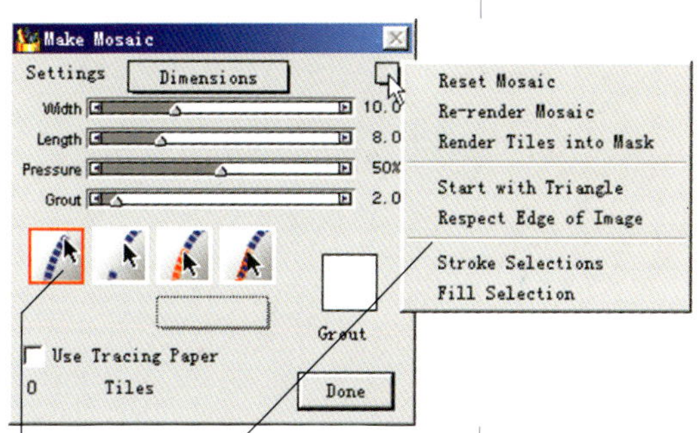

● 点击面板右上角的方块按钮，弹出七项命令：
（1）Reset Mosaic（重设马赛克）
（2）Re-render Mosaic（重建马赛克）
（3）Render Tiles into Mask（建立瓷片蒙版）
（4）Start With Triangle（从三角形开始）
（5）Respect Edge of Image（保持图像的边缘）
（6）Stroke Selection（选区边缘笔触）
（7）Fill Selelection（填充选择区域）

● 四项图标：
（1）加入或画出马赛克；
（2）擦出马赛克；
（3）修改马赛克的颜色，点击下拉菜单弹出五项命令：
① Color（颜色） 可改变马赛克为当前色；
② Darken（加深） 可加深马赛克的颜色；
③ Lighten（加亮） 可加深马赛克的颜色；
④ Tint（褪色） 可将色彩的浓度变淡；
⑤ Very（变化） 根据调色板中Color Variability（色彩的变化）范围进行调节。
（4）选择马赛克从而可以改变颜色。

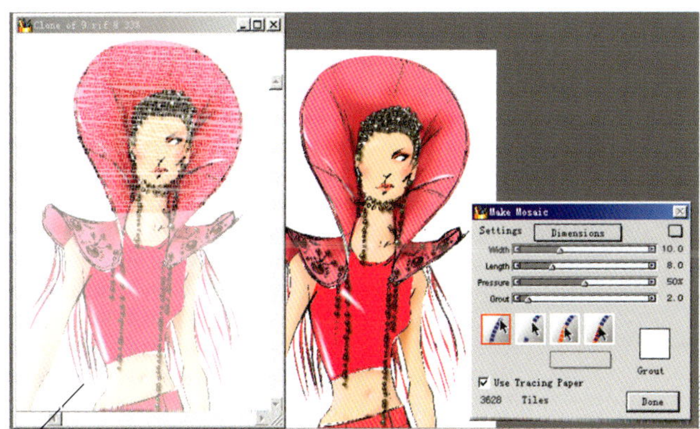

● 马赛克的绘制过程：
a.点击File（文件）中的Clone（复制），得到一张与原图一样尺寸的图。
b.点击Select（选择）中的All（全选），再点击Edit（编辑）中的Clear（清除）。
c.点击画布中的制作马赛克，出现对话框，调整好各个选项，点击第一个图标就可以绘制马赛克了。

● 马赛克的绘制过程，中间一幅图显示了激活Use Tracing Paper时的效果。

a.

b.

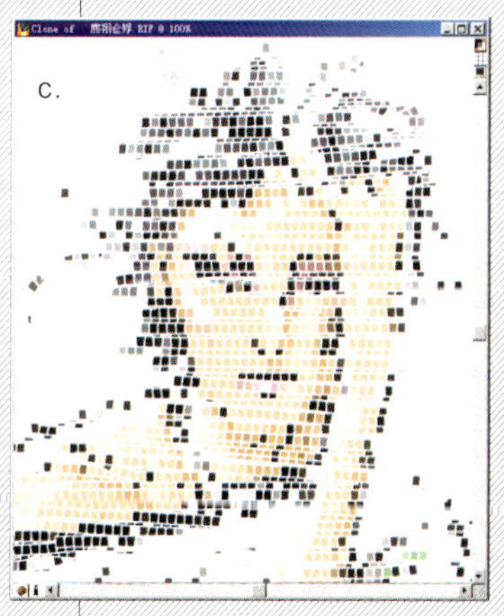
c.

15 Object Palette/Mask（物件面板 / 蒙版）

Mask 蒙版下拉菜单：

- （1）New Mask（新建蒙版） 编辑完成之后必须在蒙版次面板上点取 Load Selection（下载选择）按钮或者点中 Select（选择）下的 Load Selection（下载选择）命令，将该用户蒙版装载为当前选区才能进行图像操作。另外，用户如果想将某个选区储存起来供以后使用，请点取 Save Selection（储存选择）按钮将它以蒙版形式储存在蒙版目录中。
- （2）Copy Mask（复制蒙版） 此项命令打开对话框，用户可以选择 N，将选中的蒙版复制成新蒙版，也可以选择原有蒙版的名称用选中的蒙版代替它。
- （3）Delete Mask（删除蒙版）
- （4）Clear（消除蒙版的编辑） 此项命令消除蒙版的编辑，从头开始。
- （5）Invert Mask（反转蒙版）
- （6）Feather Mask（蒙版边缘羽化）
- （7）Auto Mask（自动蒙版） 此项命令打开对话框创建自动蒙版的依据（Using）有六个选项，与 Select 下的 Auto Select（自动选择）菜单命令依据相似，只是 Original Selection（原来的选择）在这里对应的是 Original Mask（原来的蒙版）。
- （8）Color Mask（色彩蒙版） 此项命令打开对话框，用选取的中心颜色创建色彩蒙版，对话框的用法同 Select>Color Select 的对话框。
- （9）Mask Attributes（蒙版属性）

蒙版是一个 8-bit 的覆盖层，用来遮盖并保护一部分画布不受改动，暴露另一部分画布可以改动，它分成两个类型，即 User Mask（用户蒙版）与 Floater Visibility Mask（浮动区域有效蒙版）。

蒙版只是 8-bit 的图像，色相完全不起作用，用黑色和白色作为主要色来编辑蒙版，即可对于用户蒙版黑色笔触增加蒙版暴露部分，白色笔触增加蒙版覆盖保护部分，中等灰度笔触使图像呈半透明状。

完成蒙版编辑之后，如果是用户蒙版，必须使用 Load Selection 命令从蒙版下载选区之后再进行图像操作；如果是浮动区可见性蒙版，不必使用 Load Selection 命令，因为浮动区本身就可以进行图像操作。用户只需点击关闭眼睛符号恢复浮动区的正常显示状态，在蒙版目录中选中 RGB 目录条。

创建蒙版的方法：

（1）先创建选区，然后以 Save Selection（储存选择）或者点中 Select（选择）下的 Load Selection（下载选择）菜单命令将选区储存成蒙版。

（2）点取 New（新建）按钮或者用 Mask-New Mask 菜单命令创建新的蒙版，然后加以编辑。

（3）使用 Mask-Copy Mask 菜单命令复制蒙版。

（4）使用 Mask-Auto Mask 菜单命令。

（5）使用 Mask-Color Mask 菜单命令。

（6）从其他软件获得用户蒙版，比如在 Painter 中打开 Photoshop 以 PSD 格式储存的文件，Alpha 通道会自动转换成蒙版形式在 Painter 中出现。

16 Painter 5.0 快捷键（MAC 机：Ctrl 转换成 Command 键）

1. 打开工具箱与面板

Tool（工具箱）	Ctrl 键 +1 键
Brushes（画笔工具箱）	Ctrl 键 +2 键
Art Materials（艺术材料箱）	Ctrl 键 +3 键
Objects（物体对象板）	Ctrl 键 +4 键
Controls（控制板）	Ctrl 键 +5 键
Color Set（颜色样品板）	Ctrl 键 +6 键
Floater Porfolio（选择形状文件夹）	Ctrl 键 +8 键

2. 菜单指令快捷键

File 菜单

New（打开新文件）	Ctrl 键 +N 键
Open（打开文件）	Ctrl 键 +O 键
Close（关闭文件）	Ctrl 键 +W 键
Save（储存文件）	Ctrl 键 +S 键
Get info（文件资料）	Ctrl 键 +I 键
Print（文件打印）	Ctrl 键 +P 键
Quit（离开 Painter）	Ctrl 键 +Q 键

Edit 菜单

Undo（取消前次指令）	Ctrl 键 +Z 键
Redo（重复前次指令）	Ctrl 键 +Y 键
Cut（剪取影像）	Ctrl 键 +X 键
Copy（拷贝影像）	Ctrl 键 +C 键
Paste（粘贴影像）	Ctrl 键 +V 键
Paste Floater（粘贴浮动层影像）	Shift 键 +Ctrl 键 +V 键
Drop Current Floater（固定现在的浮动层）	Shift 键 +Ctrl 键 +D 键

Selection 菜单

Select All（全选范围）	Ctrl 键 +A 键
Deselect（不选范围）	Ctrl 键 +D 键
Reselect（再选取前次范围）	Ctrl 键 +R 键

Effects 菜单

Last Effects（执行上一次特效）	Ctrl 键 +/ 键
Second Last Effects（执行上上次特效）	Ctrl 键 +; 键
Fill(填充颜色)	Ctrl 键 +F 键
Equalize(明暗与反差调整)	Ctrl 键 +E 键
Correct Color (校准颜色曲线)	Shift 键 +K 键
Adjust Colors (色彩调整)	Shift 键 +Ctrl 键 +A 键
Apply Surface Texture (应用表面纹理)	Shift 键 +Ctrl 键 +S 键
Free Transform (自由变形)	Shift 键 +Ctrl 键 +F 键

Canvas 菜单

Tracing Paper（使用描图纸）	Ctrl 键 +T 键
Resize (调整尺寸大小)	Shift 键 +Ctrl 键 +R 键

Shapes 菜单

Join Endpoints (连接路径末端)	Ctrl 键 +J 键
Deplicate (复制形状)	Ctrl 键 +]键
SetShapeAttributes (设定形状参数)	Ctrl 键 +[键

Windows 菜单

Hide/Display Palettes（隐藏/显示所有浮动板）	Ctrl 键 +H 键
Zoom In (放大视窗)	Ctrl 键 ++ 键
Zoom Out (缩小视窗)	Ctrl 键 +- 键
Full Screen/Windows (全画面工作视窗)	v 键 +M 键

画笔工具箱 Brush 菜单

Build Brush (建立设定的笔触)	Ctrl 键 +B 键
Nozzle (影像水龙头控制板)	Ctrl 键 +9 键
Load Nozzle (打开储存影像水龙头档案)	Ctrl 键 +L 键

物体对象板 Floater 菜单

Group (浮动层成组)	Ctrl 键 +G 键
Ungroup (浮动层解组)	Ctrl 键 +U 键

3. 选取范围

Constrain to Square (使选取范围成正方形)	Shift键+矩形选取工具
Constrain to Circle (使选取范围成圆形)	Shift键+椭圆选取工具
Load selection（打开 Load 选取范围对话框）	Shift 键 +E 键 +Ctrl 键
Auto Mask(自动蒙版)	Shift 键 +M 键 +Ctrl 键

套索工具 / 矩形 / 椭圆选取工具

Add area (增加选取范围)	Shift 键 + 继续选取
Substract area (减少选取范围)	Ctrl 键 + 继续选取

魔棒选取范围(Magic Wand)

Add selection (增加选取范围)	Shift 键 + 魔棒选择工具
Substract selection (减少选取范围)	Ctrl 键 + 魔棒选择工具

4. 绘画快捷键

Build Brush(建立设定的笔尖)	Ctrl 键 +B 键
Constrain straight-line (限定直线)	Shift 键
Adjust opacity in 10% (以10%的增量调整透明度)	1-0键
使 Diffuse 的渲染范围再次扩散	Shift 键 +D 键
Grad Color (渐变色编辑板)	Shift 键 +Command 键 +G 键

5. 使用选取范围的工具

Duplicate (复制型板)(按 Option 单击)	Option 键 + 单击鼠标
Movepathbyl pixel (以一个像素增量移动路径)	Arrow 键
Delete selected path (去除被选择的路径)	Delete 键

Resize（调整尺寸大小）	鼠标拉角端手柄
Resize/preserve aspect（限定比例调整）	Shift 键 + 鼠标拉角端手柄
Skew（调整平行四边形）	Ctrl 键 + 鼠标拉中端手柄
Rotate（旋转路径）	Ctrl 键 + 鼠标拉角端手柄

6. 浮动层选取工具

Duplicate（复制浮动层）	Option 键 + 单击鼠标
以一个像素的距离移动浮动层（使用箭头键）	Arrow 键
Add Floater（同时选择多浮动层）	Shift 键 + 鼠标单击层列表单
Delete Floaters（去除浮动层）	Backspace 键（MAC: Delete 键）
Hide/Show Floater Border（隐藏/显示浮动层选择边框）	Shift键+Ctrl键+H键

7. 钢笔选取工具

Straight Line（直线选取）

Constrain to 45 angles（限制 45° 角直线）	Shift 键
Set Shape Attributes（设定形状参数）	Return 键 + 选择路径

Bizier（向量曲线选取）

Corner/Curve Toggle（只移动一边的手柄）	Control 键 + 鼠标拉一端手柄
Equal length handle（使节点两边的手柄一样长）	Shift 键 + 鼠标拉一端手柄
Delete last point（去除曲线上的一个节点）	Delete 键
Lock all points（锁定曲线上全部节点）	Ctrl 键 + 选择路径
Lock more points（增加曲线上的非激活节点）	Shift 键 + 选择路径节点

8. 滴管工具（Dropper）

Command 键 +Paint Bucket Tool 填充工具	滴管工具
Command 键 +Floating Selection Tool 浮动层选取工具	滴管工具
Command 键 +Oval Selection Tool 圆形选取工具	滴管工具
Command 键 +Rectangular Selection Tool 矩形选取工具	滴管工具
Command 键 +Brush 笔刷工具	滴管工具

3 数码时装画创作

Painter软件的强大功能为我们的创作提供了一个很好的施展平台。就创作时装画而言，有几种常见的技法，它们分别具有一定的针对性，适用于表现不同风格的服装款式以及营造不同特色的外在环境。当然，由于本书的篇幅有限，不可能将各种技法在这里一一列出，因此仅选择了一些最具代表性的内容供大家参考。其实你还可以通过自己的研究与挖掘去发现更多、更有趣的效果——创作的乐趣就在其中！

■在对工具熟悉之后，如何有效地使用这些工具进行时装画创作是本书讲解的重点。

1 水彩的魅力之一 Water Color

Painter水彩的透明性使得素描稿中那些充满灵性的线条得以保留。这幅作品甚至将人物整个融合在蓝色的背景之中，但丝毫不影响细节的展现。

■水彩的魅力

■普通意义上的水彩不具有覆盖力，如若涂修改则会给画面留下难看的污迹，因此对于初学者来说，运用真正的水彩进行时装画创作是一个不小的挑战。

但是，在Painter中情况就大不相同了。你可以反复多次并轻而易举地修改你的画稿而不留下任何痕迹。此外，Painter水彩还有一个更让你爱不释手的优点，那就是它的透明性。当我们将原始稿件输入电脑并选用其他的笔刷媒介来进行绘画时，如果掌控不好就很容易将输入的素描稿覆盖掉。而水彩的透明功能可以让你始终清楚地看到色彩底下原始稿的线条，在整个绘画过程中做到有据可循，这对于初学时装画的朋友来说显得尤为重要。

■本书不仅要对电脑软件的运用加以讲解，并且还将进一步涉及一些水彩绘画技巧方面的问题。

■水彩的渗透性

（1）湿画法：这是一种在湿画布上着色，并使其慢慢渗透的绘画方法。笔触的边缘因为和底色融合而变得柔和，色彩间相互作用产生出一种不确定的、变幻莫测的效果。

（2）干画法：利用Canvas（画布）中的Dry命令，使当前的画幅变干（传统的方式是等画面变干），此时罩在底层图上的色彩不会与底色融合，但由于水彩的透明性，又使得底色与新的颜色产生叠加的效果。注意：变干以后湿橡皮就不能用了，只能用普通橡皮。

■试一下在干、湿不同的状态下，用同一种颜色画在画布上的效果。

水彩的透明性以及它所产生的晕染效果很适宜表现服装轻盈、薄透的一面，正如这幅作品中羽毛装饰的蓬松、轻柔之感就是通过水彩的湿画法得以表现的。

水彩的魅力之二 Water Color

①将素描稿扫描进入电脑之后，首先要将一些不需要保留的底稿用橡皮擦去除掉。在擦线条时，如果是直线，选择Controls（主控制面板）→ Draw Style（绘画类型）→ Straight Lines（直线）。请注意，无论如何转折都必须以上一结束点为起点；如果要以另一点为起点就必须先切换到随手画，再重新点击一下Straight Lines开始新的擦出点。

③给人物的服装上色

■通过色彩来塑造体感：使用Broad water Brush（宽笔刷）画好服装的主要色彩之后，选取暗几度的同类色描画暗部，同时注意环境色的使用，最后在一些突出部位顺延面料的走向添上高光。

■运用笔触来表现造型：由于裙子呈现出流畅的直线造型，所以应选择Controls（主控制面板）→ Draw Style（绘画类型）→ Straight Lines（直线）工具。画裙子时用笔一定要果断，应给人一种很有力量的感觉。

②给人物的皮肤和头发上色

■肤色：你也许会问：该选什么颜色呢？人的肤色是不是很难表现呢？其实只要画面颜色谐调，时装画里人物的肤色是不拘泥于一般概念下的肤色的。别忘了，艺术来源于生活并且高于生活，时装绘画里可以加入大量的主观色彩——我们创作的是整幅画面，而不只是简单地再现人物。

选择Broad water Brush（宽笔刷）来铺设脸部及四肢的大色块，并注意留白，接着用Diffuse water（扩散工具）对暗部加以处理〔注意用Diffuse water 时，应把Opacity（透明度）改小，否则画出的颜色会太深〕，然后用Simple Water（简化工具）来处理眼眶以及颌下的阴影。

■头发：同样先用大笔刷来画出底色，然后用湿橡皮擦出头发的反光部分（这一步也可用水洗的方法来完成，但要注意的是：应该从没有上色的区域向着有颜色的区域擦洗，否则会将色彩晕涂到无色区），最后加入环境色（浅蓝色）。经过这样处理的头发会因富有层次而显得非常逼真。

■局部放大效果

作高光时也可用直线橡皮先擦出高光点，然后用Pure Water Brush进行调整，柔化亮部与暗部的过渡。脸部用几笔干画法会显得很光洁、明快。

⑤

①对服饰品的描绘以及添加背景色

- 在描绘靴子的时候，同样采用的是明度不同的同类色和近似色，为了表现靴子的皮质感，可以用直线橡皮来擦出高光。
- 为了使服装更加突出，我们可以采用添加背景色的方法。与通常将整幅画面满铺底色做法不同的是，在这幅作品中仅仅只表现了局部的蓝色背景，这是一种很有画意的处理方式，不同方向水彩色块的叠透使得画面不仅充满了生机，而且也显得很紧凑。

④

⑤最终完成的画稿以及需要注意的事项

- 在最终完成的画稿中，背景的处理采用了另外一种形式，具体做法很简单，只要用魔棒工具选取蓝色，再运用delete（清除）就可以了。由于魔棒选取的范围有限，因此清除后会留下一些蓝色的边缘线，由此可以产生一种轻烟缭绕的感觉。
- 铺色块时不要怕画出了轮廓线，应该放开画，否则会使笔触显得拘谨、呆板。正确的做法是：当整个色域完成后，再运用水彩画笔中的湿擦除工具从轮廓线的外面将多余的笔触擦掉。
- Art Materials（美术材质）菜单中的Paper（纸张）选项中包含了许多纸纹，这将会大大丰富我们的画面效果。就我个人而言，比较喜欢用纸纹中的Hand Made（手工纸）和Ribbed Pastel（瓦楞纸），它们的肌理对于表现简洁、精致的现代时装有着很好的烘托作用。
- 存储时，为了能够最大量地保存信息（例如水彩的湿图层、画面的悬浮层等），应当采取RIFF格式。

这幅作品中的人物服装以黑色为主。在水彩画中表现单色的服装时，素描关系是很关键的，尤其要注重暗部、亮部和中间色调的配合，避免将服装画“平”。

在用水彩表现服装时，服装一般最好以简洁的款式为主。因为水彩的叠透性能本身就能产生丰富的变化，再加上流利酣畅的运笔使画面产生出清新、淡雅的格调。如果服装款式过于复杂和琐碎，那么水彩画一气呵成、行云流水的特点也就表现不出来了。

2 图形的魅力之一 Shape

- Shape（图形）是最具数码特性的表现方式之一。
- Pen（钢笔）工具应该是引起我们高度重视的一种工具，通过对工具的熟悉，可以很灵活地画出你所期望得到的图形。

■图形产生的过程实际上是一个造型的过程，用一个图形可以塑造一个形体，同样我们可以用几个或更多的图形来塑造形体，从而使得整个造型呈现出更多样、更丰富的视觉效果。

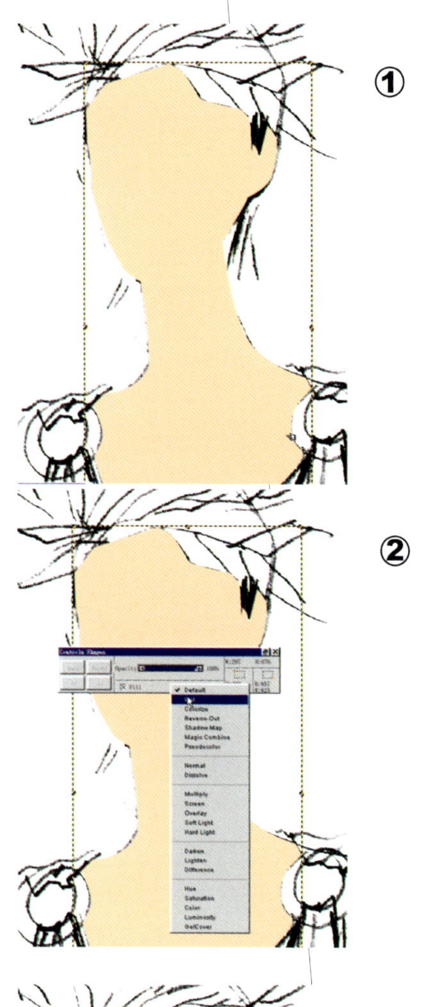

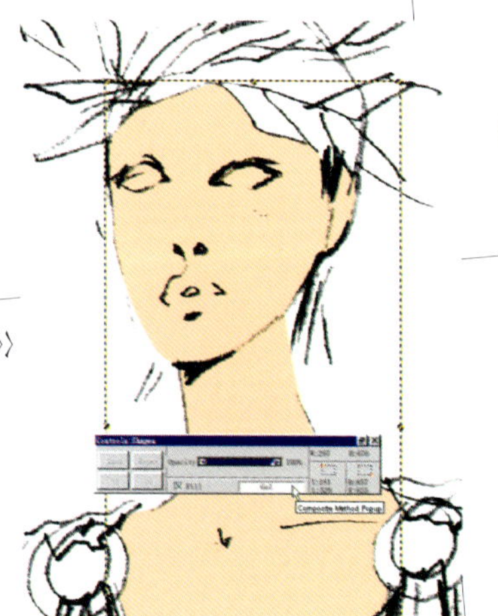

■打开一张图（通常是用扫描仪来获取的铅笔稿），先用Effects（效果菜单）中的Tonal Control（色调控制）下的Brightness/Contrast（明度／对比）命令对画面加以调整，去掉画面上的杂质，从而得到边缘光滑的线描稿。

■如果你觉得画面的构图还不够好，那么可以运用Tools（工具面板）中的Crop（剪裁工具）对画面的构图进行重新安排。一旦线描稿确定后就可以开始描绘了。

①选择Tools（工具面板）中的Pen（钢笔工具）。一般先选择肤色并从人物的脸部着手，然后根据脸部的外轮廓做出图形。

②接着选择悬浮层调整工具（此时在主控制面板上会出现悬浮层的调节参数），同时，我们也可以看到在融合方式中共有21种类型，选择Gel方式（你可以试一试其他的类型）。

③这样，铅笔稿和图形就融合在一起了。

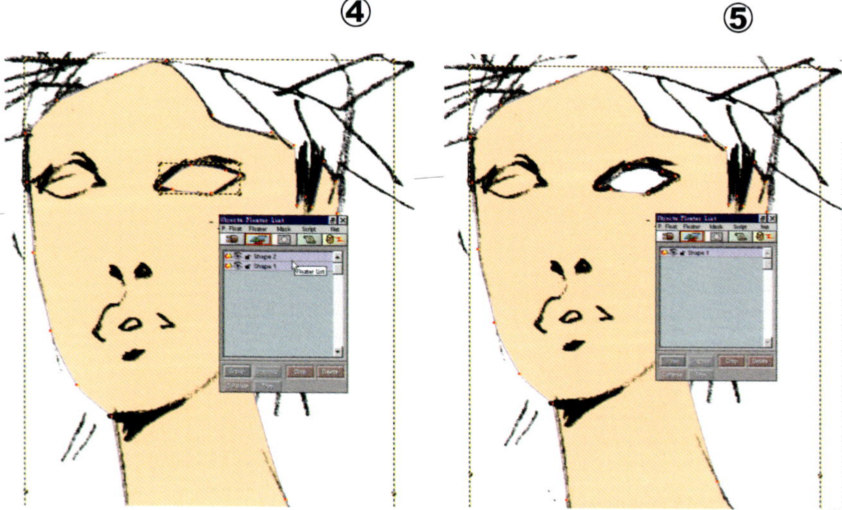

④在画面上点中悬浮层调整工具，按住shift键同时激活代表眼睛的两个图形，然后点中Shape(图形)菜单中的Make compound（组合图形）菜单。

⑤当发生融合时，眼睛图形就被掏空了（即露出了纸色）。

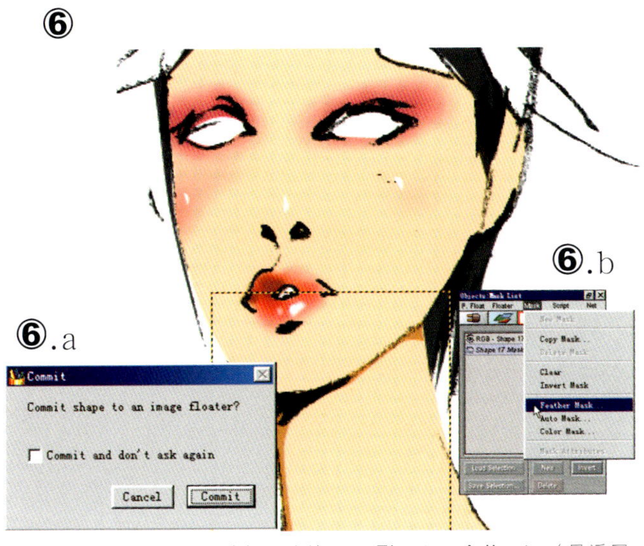

⑥选择喷笔对脸部及眼睛加以渲染。用Floater Adjuste（悬浮层调整工具）在画面中选择脸部图形，然后激活Shape（图形）菜单中的改变图形为Convert to floater（悬浮层命令），这样喷笔就可以在该图形上涂画了。请注意，如果直接在图形上使用笔型工具，会自动弹出一个对话框：“是否将图形转变为悬浮层”，这时你只要点击该对话框的Commit即可（见⑥.a）。此外，在Mask（蒙版菜单）中有一项Feather Mask（羽化蒙版命令），点中后会弹出一个对话框，将数值输入其中便会使图形的外轮廓变得柔和、模糊（见⑥.b）。

颈部的阴影图形经羽化后显得非常自然（见⑥.c）。

注意：1. 在执行各种命令前一定要先选中需要处理的图形；

2. 当有多个图形并存时，在蒙版菜单中必须选中你正在进行绘画的那个图形的蒙版。

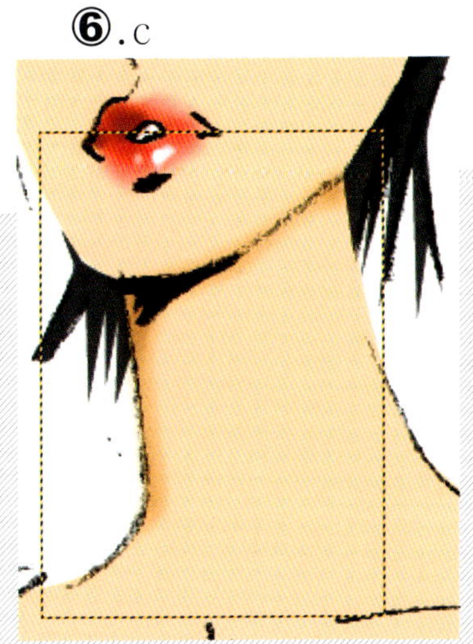

⑦将肤色部分的多个图形组合为一个图形。注意：组合图形只能在所选的两个图形之间进行；如有多个图形就应在两个图形组合完成之后，再将它与另一个图形加以组合，如此重复就可完成多个图形的组合。

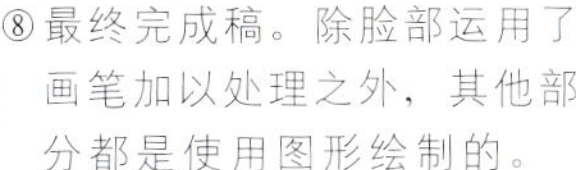
⑧最终完成稿。除脸部运用了画笔加以处理之外，其他部分都是使用图形绘制的。

图形多以平涂为主，因此轮廓分明，色彩饱和，很适宜处理颜色鲜艳的服装。这是一款为演出设计的蝴蝶造型的舞台服装，运用鲜明的图形色块正符合了这一类效果图的表现要求。试想一下，如果用前面所提到的水彩画技法来描绘它，也许其效果就没有这么强烈了。所以当我们接受一个委托设计时，在动笔前最好想想用什么表现手法最适合。

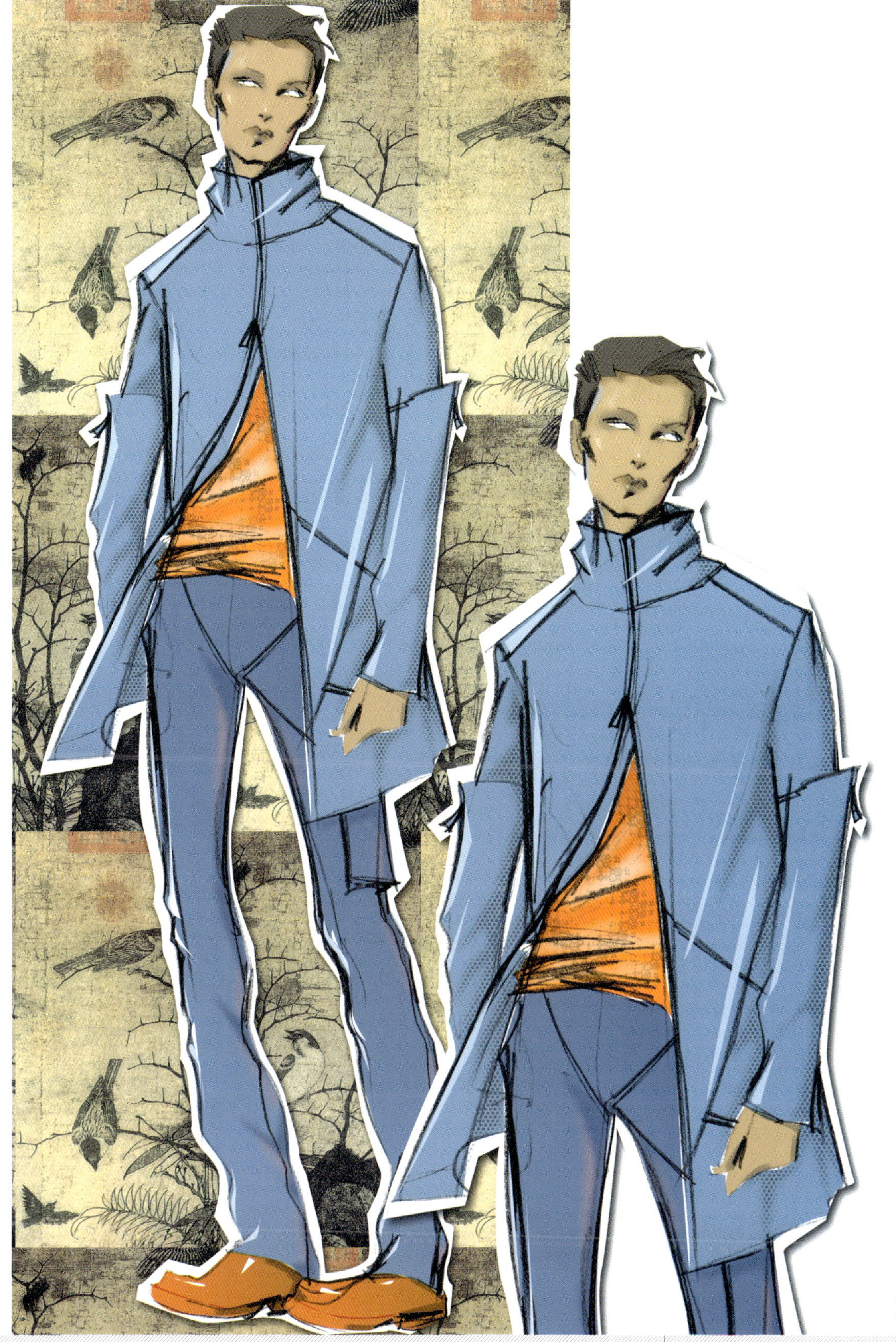

在色彩平涂的基础上用很少的笔触来表现明暗关系即可，图形的操作就是这么快捷，用它来创作时装画具有很高的时效性。

3 透明层的妙处之一 Transparent Layer

Painter为我们提供了大量的绘画工具，在前面我们涉及到了水彩和图形的运用，其他工具又如何呢？通过实验可以看到，由于其他的笔型具有覆盖的特性，故而较难掌握，在这里谈谈我的创作经验。我们在绘画过程中主要会面临两个问题：

（1）怎样才能不影响底层图的效果来利用各种笔型呢？你可以通过以下几个办法来解决：

①点击Floater（悬浮层）中的Transparent Layer（透明层）。

②创建了一个黄黑相间的与画面大小一致的透明层。

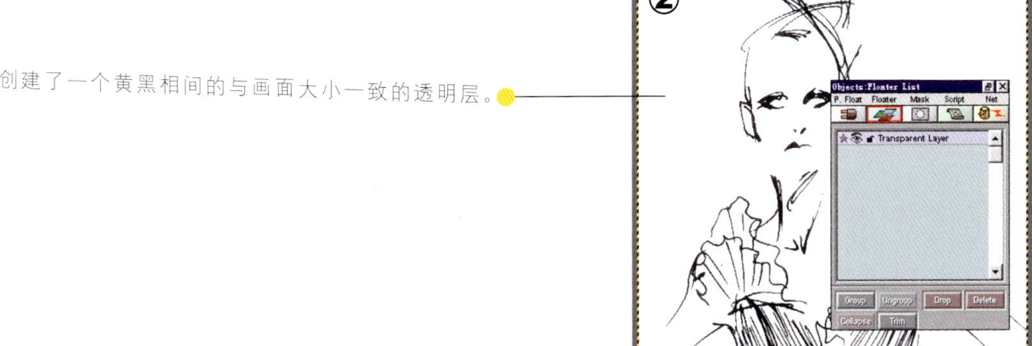

③先点击任何一种笔型，然后再点击Brushs（笔刷面板）中右上角的版扩展按钮，在该面板的左下角会出现一个Method（方法）扩展菜单，点中其中的插入方式(Plug-in)即可以在透明层上作画了。

注意：改变笔型后，Method也应同时改变；当透明层上有其他的笔型存在时，不用改变Method也可在它上面作画。

一定要选中透明层（在悬浮层中的透明层呈现被选中的颜色），否则就画到底层图上了。

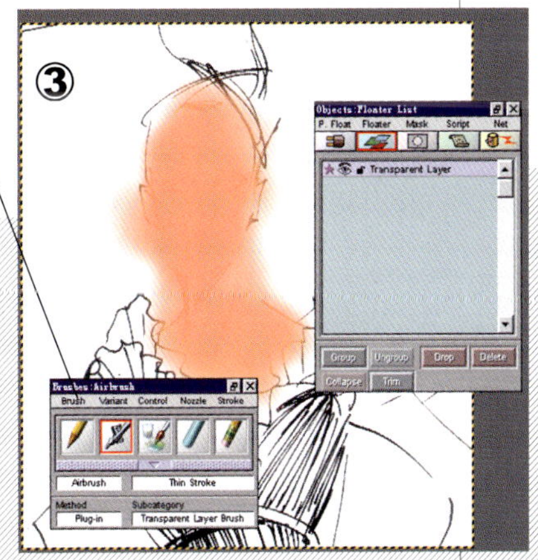

（2）怎样才能让覆盖了底色的透明层将底层图露出来呢？

先选中透明层，然后选择Controls（主控制面板）→Composite Method(融合方式)就可以改变层与层之间的融合方式了。

透明层的妙处之二 Transparent Layer

①

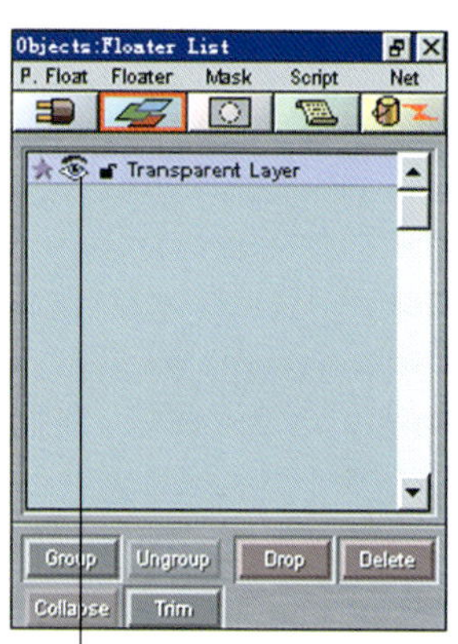

①确定人物的肤色。

■选用喷笔在透明层上画出肤色。

②

②定出人物服装的基调。

■将图形和透明层结合在一起使用，将使画面的效果更加丰富；通过层与层之间的融合方式会产生出多样的、为你所未曾预见到的效果。

③

③塑造具有立体感的裤子。

■裤子使用了两个图形，一个图形用画笔将明暗关系表现出来，另一个图形使用了Effects（效果）菜单下的Esoterica（专业级效果）中的Pop Art Fill（波普艺术风格填充），然后将这两个图形加以融合得到最终的效果。

④

④ 获取人物。

▇点击悬浮层(Floater)中的Drop All（下落），将所有图层、图形与底层图融合。将整个人物的外轮廓用钢笔工具作图形，注意放在腿上的胳膊处的镂空效果是由两个图形的融合而成的。为了让大家便于观察，现将图形移位了，在最后的操作中应当将该图形移回到和人物重合的位置。

⑥ 渲染背景。

▇对背景填充颜色，然后施以Effects中的Surface Control（画面控制）下的Apply Lighting（灯光应用命令），使背景出现光晕的效果。再使用Special F/x#1（特殊F/x#1）中的Sun Burst画出眼镜处的黄色放射状光辉。

⑥

⑤

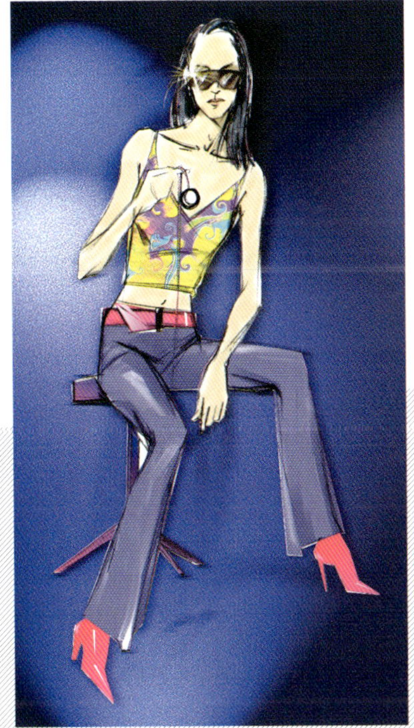

⑤ 将人物与背景融合在一起。

▇先点击Shape（图形）中的Convert to Selection（转变图形为选择区域），然后点击Edit（编辑）中的Cut（切割），将整个图形切割，这时画面上就空无一物了。接下来点击Edit（编辑）中的Paste（粘贴），将切割的图形贴入到画面中，这时该图形是悬浮在底层图上的，再使用Effects（效果）中的Objects（物件）菜单中的Creat Drop Shadow（创建阴影命令）调节数值得到所需效果。

透明层的妙处之三

Transparent Layer

透明层对于制作类似于重影、叠影等效果有着显著的优势。

运用软件的透明层功能绘制出的时装画。

4 蒙版的奥秘之一
Mask

蒙版类型选区是Painter中一种重要的选区方式。蒙版在图与图之间的组合中发挥了强大的功能。当两图重叠时，利用蒙版的遮罩功能可以使上一层的图在某些区域呈现出全透明的状态，从而露出下一层图的部分画面。同时，还有一些区域可以是半透明的（在蒙版显示中呈灰色的区域），这样一来，就能产生一种若隐若现、斑斑驳驳的效果。

①

②

蒙版的这种特性极大地丰富了时装画的表现手法。以这两幅图为例，图①的效果本身就很好，但作为一幅时装画仿佛还缺少点什么，背景略显得有些单薄；而图②中则将人物与一幅带有竹子的图画结合在一起，这使得画面顿时丰富起来：幽暗的竹林中站着一位时髦的女郎——是不是很富有戏剧性？

我们可以看到，蒙版使得两幅画的结合显得极其自然，完全没有一幅画贴在另一幅画上的感觉，人物本身带有的暗部隐没到了竹林的投影中，人物与周围的环境浑然一体。

蒙版的奥秘之二・Auto Mask(自动蒙版)

Mask

①

①打开一张已经完成了的时装画（注意不能是悬浮层图形，如果是，请先将其与底层融合）。

③

③将两幅图片组合到一起。

■击活时装画文件，然后调节Mask（蒙版）中Auto MaskImage（自动蒙版）对话框中的Luminance（图像亮度值）。然后点击Objects（项目）Load Selection（下载选区）对话框中的Replace Selection（再选选区）命令，此时画面中出现浮动的蚂蚁线。执行Copy命令，将人物Paste（粘贴）到背景图中。

②

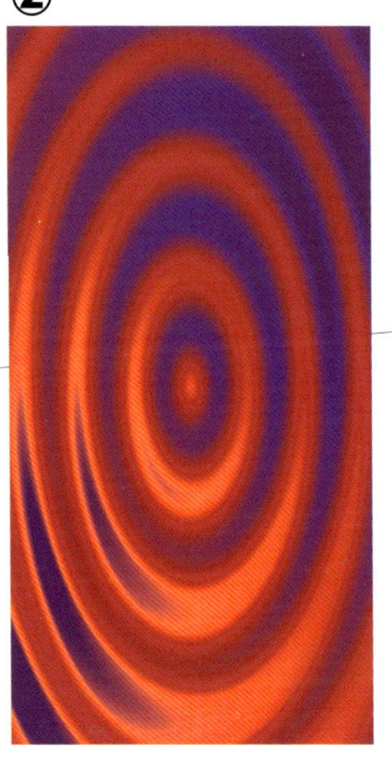

②打开一张同等尺寸的背景图，当然你也可以自己制作一幅这样的图，步骤是：

■在时装画文件中点击File（文件）中的Clone（复制）→出现一张与原图一样大小的图，点击Select（选择）中的All（全选）→点击Edit（编辑）中的Clean（清除），将画面清理干净→点击Effects（效果）中的Fill（填充），在画面中填充由红到紫的渐变色彩→点击Effects（效果）中的Surface Control（面图控制）→Quick Warp（快速变形）中的Ripple（水波纹），可以通过调节对话框中的滑杆得到所需的效果→最终得到背景图。

④

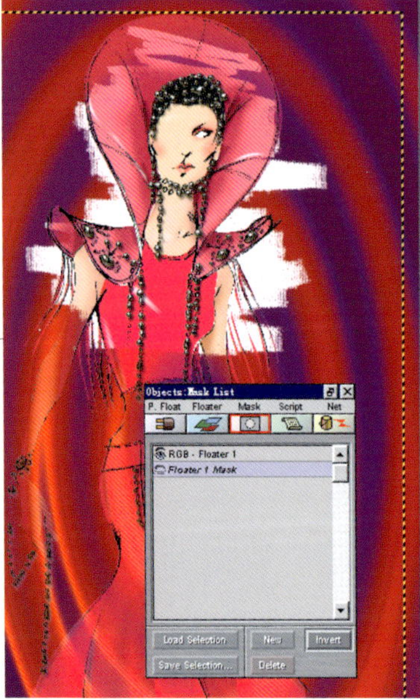

④运用自动蒙版工具。

■首先在Brush（笔刷）中任选一种你自认为比较熟悉的笔型来对蒙版进行处理，你可选择任意一种颜色，因为色彩对于蒙版无效，它只起到让人看清笔触的作用。做这一步时，一定要选择蒙版中的Floater 1 Mask选项。两图组合后可以看到，人物在背景层上显露得较为清楚的部分就是在蒙版上用笔刷加重的部分，而笔刷较轻的部分就与背景融合在一起了。

⑤

⑤由于蒙版的作用，在人物身体周围还保留了一些原图的白色背景，该如何处理呢？

⑥

⑥我们索性在人物周围用白色画出新的背景效果。

⑦

⑦击活Floater（浮层）中的D,rop（水滴），最终完成作品。

①打开一张已经完成的时装画。

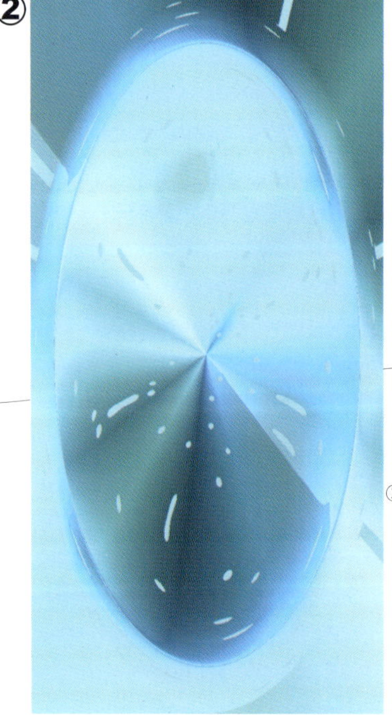

②打开一张同等尺寸的背景图，你可以尝试用不同的软件功能来创造你所感兴趣的画面。这里从Effects（效果）中任选了一种类似于镜面反射的效果。

④

③先点击Mask中的Color Mask对话框，并从中选择色彩区域范围。然后将打开的时装图拷贝并贴入背景图片。接下来色彩蒙版的编辑过程与自动蒙版完全一样，请大家参考98页的内容制作。

③

④最终完成的效果。特别需要说明的是，在这里编辑蒙版时选用的是喷笔笔触，它的特点是使受到作用的区域显得很柔和、很朦胧。你还可以尝试别的笔触，看一看它们分别有什么样的表现能力。

5 综合运用之一

All In One

①

■脸部和头发直接在底层图上描绘。

③

■创建一个透明层，在其上画出服装明暗影调。

②

④

按服装的轮廓做图形，改变融合方式与透明层的服装色彩，形成新的变化效果。

⑤

⑥

背景用了三个渐变色块，以形成一个围合空间。

综合运用之二 All In One

②

③

将不同的功能综合运用在同一幅画面中，除了可以表现不同风格的服装款式之外，还可以很好地营造不同特色的外在环境，如图①中绚烂的光芒背景，图②中与服装相呼应的色块以及图③中金属卷帘门的背景效果，它们都起到了烘托服装的作用，并使得画面内容更加丰富多彩。

Painter软件的功能甚为强大，在本章中仅列出了具有代表性的几项，读者可以自己去尝试更多的效果。就像数学中的排列组合一样，功能之间的不同搭配能够产生出无穷无尽的变化——这时，就需要考验你的想像力与创造力了！

4 实战案例

好了，通过前几章的内容，相信你已经在数码时装画的技法上具备了一定的能力，现在就让我们开始创作吧！

本章中提供了一系列作者本人的作品，它们分别来自于一些实践活动：有为戏剧节闭幕式设计的带有京剧元素的时装，有为民歌节准备的具有少数民族特点的舞台服装，还有为大型企业提供的制服设计方案以及曾发表在报刊上的时尚专栏内容。这些样图中的绝大部分款式已经被制成了实物，其最终效果与样图相差无几。读者通过它们可以看出，无论服装的风格及用途如何，通过Painter软件都可以将其表达得非常完整与准确，本人在经过大量的实践活动之后，深刻地体会到它在这些创作过程中所显示的快捷、有效的优势。

读者在阅读本章内容时，结合前面的知识留心分析一下每一幅样图中都运用了哪些工具和特殊效果，并且可以通过临摹这些时装画以求进一步的提高。

1 京剧元素的运用之一·戏剧节闭幕式旦行服装设计

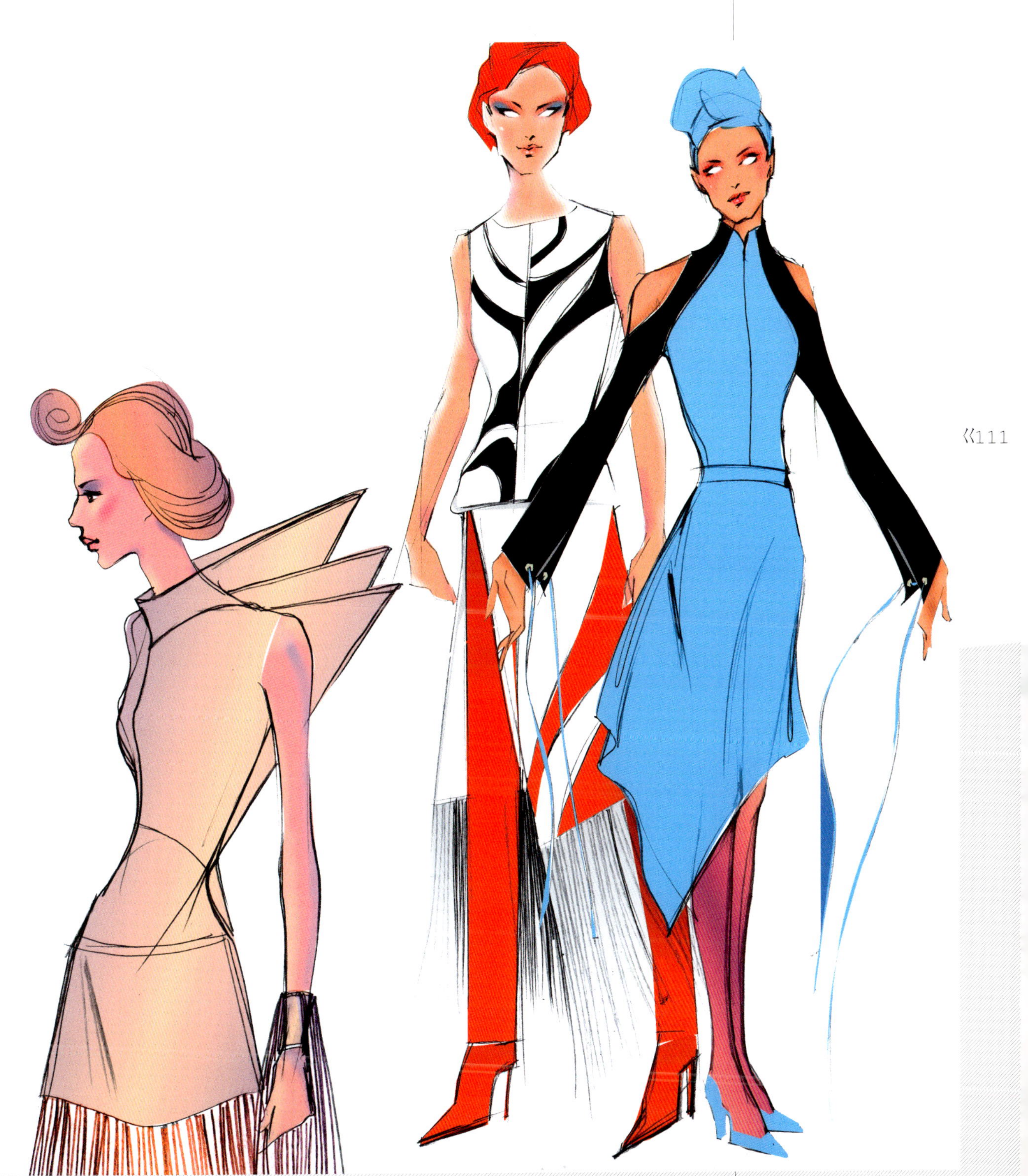

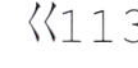

舞台化了的少数民族服饰之一・歌舞剧“印象・刘三姐”服装设计

5 某集团制服设计效果图

A.女经理冬装

在为Chivency创造流行风潮时，Macqueen也没耽误为自己的品牌树立潮流先锋的形象。

时尚解读

从碎石马路走来的女子，在英伦潮湿的天气中显得冷漠而寡傲。而在这样一种怀旧的情绪中所表现出的却是反传统的、极具颠覆性的。服装材质的对比（图二的面料与裘皮）、收缩与舒张的对话（图一经过堆砌的纱及图五似盛开在花丛中的俏颜）、粗犷与张扬的共舞（图三的皮毛与牛仔布的搭配及图四的皮料镂空与木手环）、异族情调的浓墨重彩（图六的苗族项圈及图七的非洲面具）。

各种原料在Macqueen的手中呈现出异样的光彩！

FASHION COMMENT

Macqueen绝对是运用服装语言的个中高手！

图七

图六

7 “兄弟杯”大赛参赛效果图

某省民兵制服设计之一

前身的分割与袖子的分割相交，
色彩的错位形成阴阳的相互转换。
破缝从一只袖口通过胸部绵延到另一只袖口，视觉的流畅感使该款服装在变化中有统一。

顶部的分割线贯穿前身，
既对口袋本身有统一感，
又与肩部的分割相呼应。

口袋位与分割线
相交在一条线上。

分割线在裤子的前片，此机能性的处理，既便于运动，又有视觉上的多样性。

此款服装在袖形上的设计
打破了插肩袖常用的弧线形，
既有插肩袖的随意性，又有袖的挺括性。
大身于袖形的两片拼合逐级递减，
产生视觉上的延展形，
色彩的变化进一步强化了
这种视觉感。

训练服

斜插袋不同于男装。

膝盖这一片加省使裤形形成弧线，
符合腿部向后弯曲的生理机能。
不同于男装，女装在此处用弧线，
使女民兵柔中带刚的气质得以体现。

uniform

某省民兵制服设计之二

训练服

某省民兵制服设计之三

此款服装在袖形上的设计
打破了插肩袖常用的弧线形，
既有插肩袖的随意性，又有上袖的挺括性。
大身于袖形的两片拼合逐级递减，
产生视觉上的延展形，
色彩的变化进一步强化了
这种视觉感。
口袋位与分割线
相交在一条线上。
分割线在裤子的前片机能性处理，
既便于运动又有视觉上的多样性。
膝盖这一片加省使裤形形成弧线，
符合腿部向后弯曲的生理机能。
训练服
uniform
浙江民兵

作者简介

1971 年 10 月出生于重庆
1990—1994　北京服装学院 本科
1998—2001　北京服装学院 硕士
2002—　北京服装学院 教师

- 1993 年首届中国时装画艺术大赛获得二等奖
- 2000 年第八届中国国际青年设计师大奖赛荣获金奖

- 主要著作《穿出色彩——服装色彩搭配指南》
  《98/99 国际成衣服装专业图册》
  《创意与设计》美术编辑
  《怎样表现滑稽与幽默》（翻译）
  硕士答辩论文《初探时装画审美价值与形式》

- 时装画及设计作品多次在《时装》、《现代服装》、《中国服装》、《服装时报》等著名时尚出版物上发表

- 长期致力于服装设计和形象设计，为众多影、视、歌明星作形象包装

- 与中央电视台合作，为《98/99 环球》、《正大综艺》等栏目主持人担任服装设计

- 2000 年 8 月，被北京人民艺术剧院特邀为中国戏剧大师曹禺的新排话剧《日出》进行舞台服装设计

- 应中国大连时装节组委会邀请，出席时装节时装研讨会并发表论文《设计观念》

- 2000 年 10 月，应邀担任宁波时装节开幕式部分表演服装的设计及监制

- 2001 年 9 月，应邀担任广西南宁戏剧节闭幕式大型时装表演的服装设计及监制

- 2001 年 11 月，赴意大利 KOEFIA 学院研修

- 2002 年 7 月，应邀担任广西桂林大型水上实景剧“印象 · 刘三姐”表演服装设计及监制（该剧总导演为著名电影导演张艺谋，舞台设计为北京人民艺术剧院著名舞美设计师曾力）

- 2001 年 10 月，应邀担任广西民歌节开幕式大型表演服装设计及监制

- 2003 年 10 月，应邀担任歌剧《狂人日记》、《夜宴》中国首演的服装设计及监制

- 2004 年 7 月，被特聘为《服务时报》社顾问委员会委员